微波遥感

刘振波　编著

内 容 简 介

本书系统介绍了微波遥感技术的原理与应用。全书共 7 章，主要内容包括：微波遥感基本概念、技术优势和发展历史、微波电磁辐射物理基础、主要微波遥感系统的组成和工作原理、微波遥感图像特性、微波传感器定标与图像校正、雷达图像构像方程与几何校正、雷达干涉测量原理与应用等。

本书可作为高等院校、科研院所遥感、测绘、海洋、地球科学、电子信息等相关专业本科生和研究生教材，也可为微波遥感相关领域科研和工程技术人员提供参考。

图书在版编目（CIP）数据

微波遥感 / 刘振波编著. -- 北京 : 气象出版社, 2023.4
ISBN 978-7-5029-7952-2

Ⅰ. ①微… Ⅱ. ①刘… Ⅲ. ①微波遥感 Ⅳ. ①TP722.6

中国国家版本馆CIP数据核字(2023)第065869号

微波遥感
Weibo Yaogan

出版发行：气象出版社
地　　址：北京市海淀区中关村南大街 46 号　　**邮政编码**：100081
电　　话：010-68407112（总编室）　010-68408042（发行部）
网　　址：http://www.qxcbs.com　　**E-mail**：qxcbs@cma.gov.cn
责任编辑：王　迪　　**终　　审**：张　斌
责任校对：张硕杰　　**责任技编**：赵相宁
封面设计：楠竹文化
印　　刷：三河市君旺印务有限公司
开　　本：720 mm×960 mm　1/16　　**印　　张**：11.25
字　　数：220 千字
版　　次：2023 年 4 月第 1 版　　**印　　次**：2023 年 4 月第 1 次印刷
定　　价：55.00 元

前 言

微波遥感是利用电磁场理论与微波技术，通过解调目标对空间电磁波的调制提取目标信息，这与可见光红外遥感利用光学原理，通过摄影或扫描获取信息在技术上具有显著差异。微波遥感具有全天时、全天候及其穿透性探测能力，可以提供不同于其他电磁波波段所提供的信息，具有其他遥感技术手段所不具备的特性，已成为遥感技术领域重要的组成部分，在地球观测、空间探测和军事等领域发挥着重要作用。

本书主要面向微波遥感初学者，特别是遥感科学与技术本科专业学生。在内容上主要介绍微波遥感基础理论、经典方法与主要应用，理论讲解力求浅显易懂、简洁生动。全书内容包括 7 章：第 1 章主要介绍微波遥感基本概念、分类、微波遥感技术特点和优势以及微波遥感发展的历史；第 2 章主要介绍了微波电磁波基本性质、微波电磁辐射定律以及微波与物质的相互作用；第 3 章主要介绍了微波遥感系统的基本组成、常用微波遥感系统工作原理；第 4 章主要介绍了微波遥感图像特性及典型地物散射和亮度温度特性；第 5 章主要介绍了微波传感器定标原理和方法以及雷达图像斑点噪声处理方法；第 6 章主要介绍了雷达图像构像方程及几何校正方法；第 7 章主要介绍了雷达干涉测量原理、方法及主要应用。

本书是作者在长期教学实践过程中所使用的讲义基础上编著而成，在编写过程中参考了国内外大量优秀教材、专著、研究论文等相关资料，在此表示衷心的感谢。

本书得到了南京信息工程大学教材建设项目“微波遥感”的资助。编写过程中，研究生邱一曼、李宇恒进行了部分图表的绘制与文字加工工作，陆杰伟、邓思静、李梦露进行了全书文稿的校对，在此表示由衷的感谢！

由于微波遥感技术的快速发展和编者水平的限制，疏漏之处在所难免，恳请各位同行专家和读者批评指正并提出宝贵意见。

刘振波

2022 年 12 月

目 录

第1章 绪 论

1.1 微波遥感基本概念

1.1.1 微波遥感概念

遥感技术是20世纪60年代兴起并迅速发展起来的一门综合性探测技术。1960年,美国海军研究局的 Evelyn L. Pruitt 提出了“遥感”这一专业术语,并在1962年美国密歇根大学“国际环境科学遥感讨论会”上被正式通过,标志着遥感学科的正式诞生。遥感技术是建立在现代物理学、空间技术、计算机技术、数学方法和地球科学基础之上的新兴交叉学科和技术,已广泛应用于资源勘察、环境管理、全球变化、灾害监测以及人类生产生活的各个方面。

广义的遥感泛指一切非接触的、远距离的探测,包括利用声波、电磁波和地震波等的探测。在实际工作中,遥感一般指利用电磁波进行探测的技术,是利用安装在遥感平台上的传感器在非接触的情况下,获取目标物体反射、辐射或散射的电磁波信息,并进行信息传输、加工、分析和应用的综合性探测技术。随着遥感技术的快速发展,目前遥感传感器所使用的工作波段主要为紫外、可见光、红外和微波等电磁波波段(图1.1)。其中微波是电磁波的一种形式,具体是指波长1 mm～1 m(频率300 MHz～300 GHz)的电磁波,可进一步分为毫米波、厘米波和分米波(图1.2)。相比可见光和红外光(0.38～15 μm),微波的波长要长得多,最长的微波是最短光波长度的约250万倍。微波遥感就是指利用工作在微波范围内的遥感器对远距离目标物进行非接触性的探测、成像,并对所获得的数据或图像进行测量、分析和判读的技术。当前,以合成孔径雷达(Synthetic Aperture Radar,SAR)为代表的微波遥感器获取的雷达图像(图1.3),已具有与高空间分辨率光学卫星遥感影像(图1.4)相媲美的空间分辨率和独特的物理特性,是20世纪90年代以来遥感应用的热点之一。

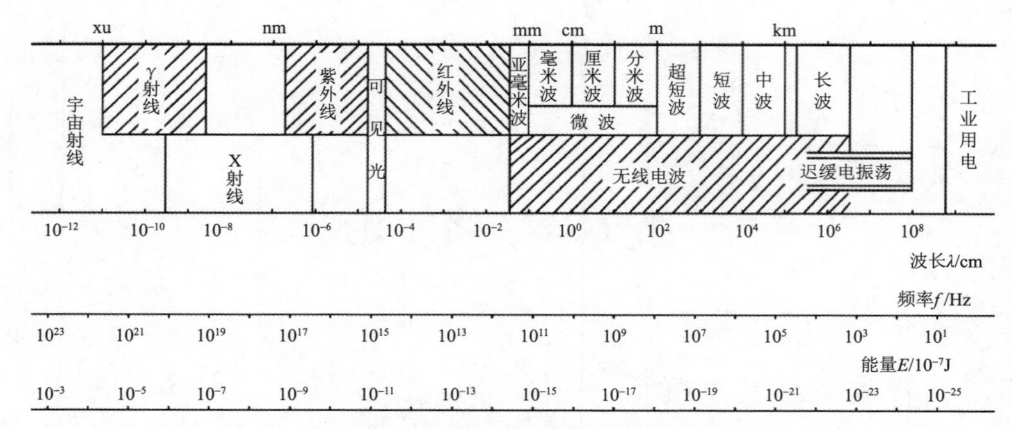

图 1.1　电磁波谱及波段划分

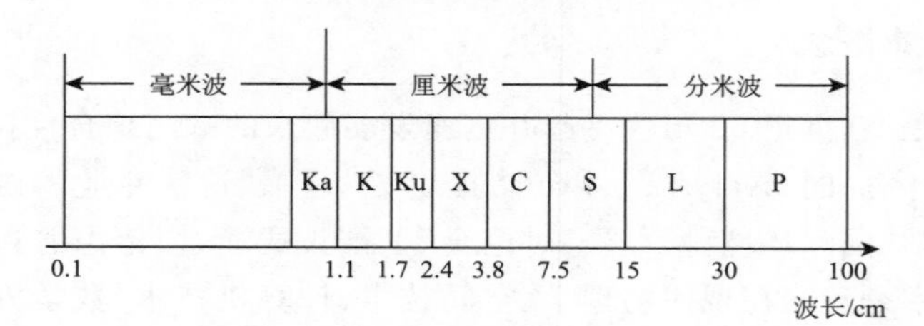

图 1.2　微波电磁波波段划分

图 1.3　TerraSAR-X 雷达卫星影像(阿斯旺水坝，1 m 空间分辨率)

图 1.4 Worldview4 高空间分辨率遥感卫星影像(新疆伊宁,0.3 m 空间分辨率)

1.1.2 微波遥感分类

按照传感器工作方式的不同,微波遥感可以分为被动微波遥感和主动微波遥感(图 1.5)。被动微波遥感又称微波无源遥感,是指系统自身不发射微波波束,只接收目标物辐射或散射的微波辐射信号。典型被动微波遥感传感器如微波辐射计(Microwave radiometer),被动微波遥感接收到的信号为目标物的亮温信息,据此可以揭示目标物的热特性,用于实现对大气、地表、冰、雨等目标参数的观测。

主动微波遥感又称为微波有源遥感,指由传感器系统自身发射微波辐射信号,接收从目标反射或散射回来的电磁波信号,传感器接收的信号包含回波的振幅和相位信息,据此可获得目标物的理化参数信息。常用的主动微波遥感传感器有真实孔径雷达(Real Aperture Radar, RAR)、合成孔径雷达(Synthetic Aperture Radar, SAR)、雷达高度计(Radar altimeter)、微波散射计(Microwave scatterometer)等。

根据微波传感器是否成像,微波遥感可以分为微波成像遥感和非成像遥感。微波成像传感器可以将接收到的目标电磁辐射信号转换成图像(数字图像或模拟图像),主要有微波辐射计、真实孔径雷达和合成孔径雷达;微波非成像传感器接收的目标电磁辐射信号不形成图像,而只得到包含目标物特性的数据,如微波散射计和雷达高度计等。

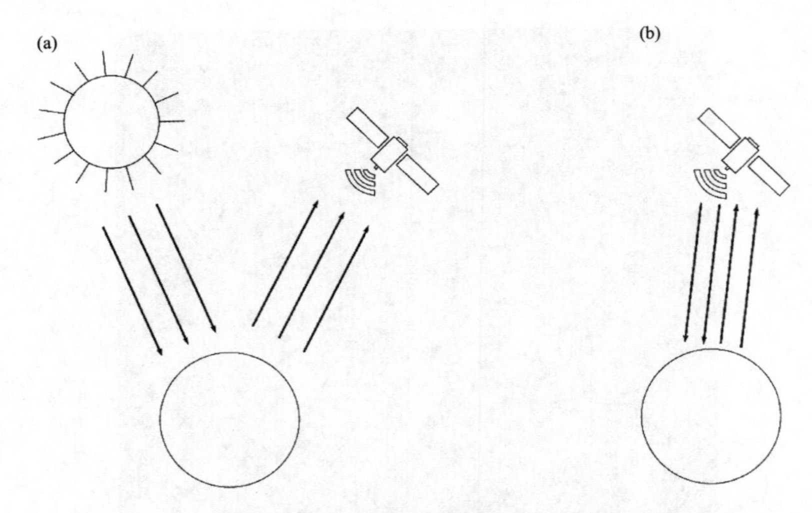

图 1.5　被动微波遥感(a)和主动微波遥感(b)工作方式示意图

此外,根据遥感平台的不同,微波遥感可分为机载微波遥感和星载微波遥感,其中星载微波广泛应用于大面积对地观测和海洋遥感观测,已取得了巨大的经济效益和社会效益。

1.2　微波遥感的优势

1.2.1　全天候、全天时工作能力

电磁波在通过大气层时,遇到大气中的粒子发生散射,其能量会发生衰减,因此可见光遥感无法穿透云雾获得地表信息,只能在天空无云或少云的晴天工作,而且只能在白天工作。红外遥感虽然可在夜间工作,但同样无法穿透云雾。相对于可见光和红外遥感,微波的波长较长,根据瑞利散射(Reyleigh scattering)原理,散射的强度与波长的 4 次方成反比,因此微波受云雾、雨、雪等天气的影响极小,具有穿透云层、雾和小雨的能力,而且太阳辐射对微波辐射测量的影响极小。因此,微波辐射测量既可在恶劣的气候条件下,也可以不分昼夜发挥作用,具有较强的全天候、全天时的工作能力。

图 1.6 表明了不同波长状况下云层和雨对微波的衰减效应,当波长大于 4 cm 时,雨水的影响基本可以忽略,当波长为 2 cm 且降雨强度较大时,才会对微波电磁波的传输造成影响。

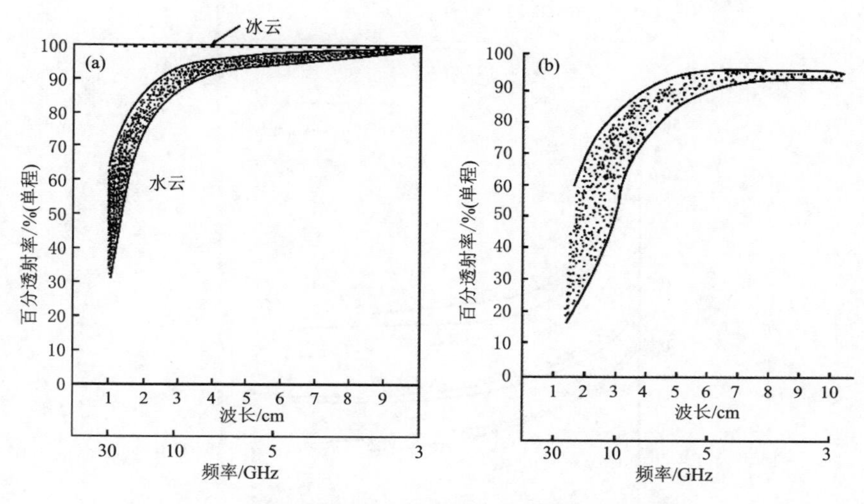

图 1.6　云层(a)、雨(b)对电磁波传输的影响(舒宁,2003)

1.2.2　微波对地物有一定的穿透能力

遥感传感器在可见光、近红外波段所观测的颜色基本上取决于目标物如植被、土壤等物体的表层分子的谐振特性,而微波波段范围内传感器观察到的“颜色”不仅取决于研究对象的表面性质,目标物面或体的几何特性以及体介电特性也是重要影响因素。微波能够穿透地物表层达到一定的深度,如微波对干沙的穿透深度达几十米到近百米,透过潮湿土壤表层的深度也能达到几厘米到几米(图 1.7)。图 1.8 所示为美国“哥伦比亚”号航天飞机搭载 SIR-A L 波段雷达影像,与光学影像相比雷达影像成功观测到了撒哈拉沙漠的地下古河道,显示了 SAR 具有穿透地表的能力。

微波穿透物体的深度不仅取决于物体本身的性质,如介电常数,还跟微波本身的特性有关。如微波对植被层的穿透深度,取决于植物的含水量、冠层密度,还与微波电磁波的波长和入射角有关。如果波长足够长而入射角又接近天底角,则微波可穿透植被冠层到达地面。因此,微波频率的高端(波长较短)获得的主要为植被冠层顶部的信息,而微波频率的低端(波长较长),则可以获得植被冠层底层甚至地表以下的回波信息。

1.2.3　提供光学遥感不能提供的信息

光学遥感传感器获取的主要为目标物体反射或辐射电磁波能量的强度信息,由于可见光穿透能力较差,基本上不具备体散射,因而反映的目标物体电磁波特性较为单一。微波在介质内传播时会发生体散射,其特性主要取决于介质的不均匀性和电

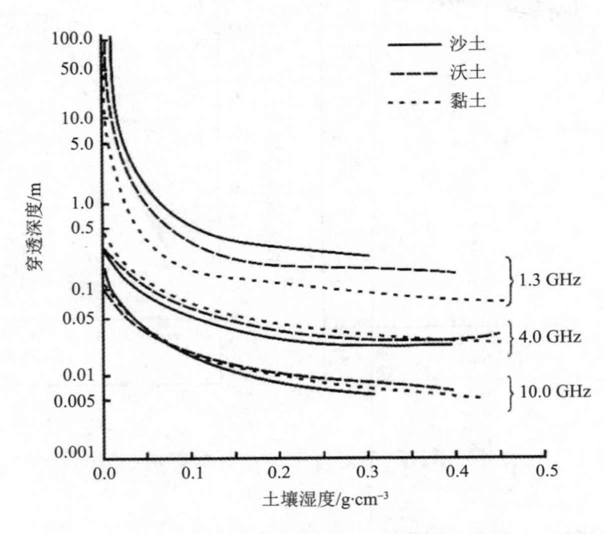

图 1.7 不同土壤性质下微波的穿透深度(舒宁,2003)

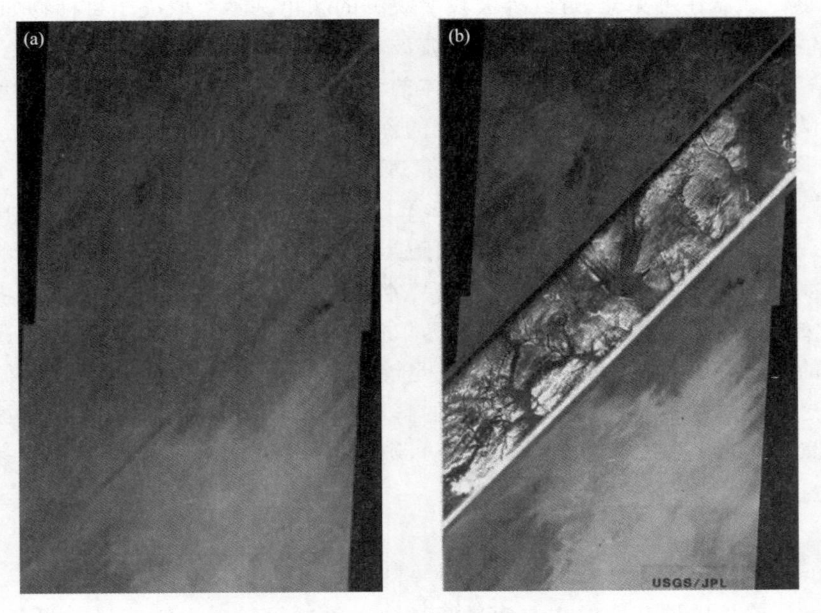

图 1.8 撒哈拉沙漠遥感影像

(a)Landsat 光学影像;(b)SIR-A 雷达影像(L 波段)

磁波的穿透深度，在地表覆盖类型里植被、土壤和积雪等都不是均匀介质，是产生显著体散射的典型介质，因此利用微波对这些地物的探测比可见光、红外遥感更有优势。此外，微波图像不仅能获取目标物辐射或散射电磁波强度信息，还是地物目标对入射电磁波的波长、入射角、极化方式等特性的综合反映，不同雷达系统工作参数(波长、入射角、极化)和地物目标参数(粗糙度、介电常数等)在雷达图像上会产生不同的色调和纹理特征。

微波遥感还可以提供其他光学遥感不能监测获取的信息，如利用雷达高度计或合成孔径雷达对目标距离的测量，对地球大地水准面和海洋动力场信息的测量，还可以根据不同类型冰的介电常数的差异探测海冰的结构和分类，以及根据含盐度对水的介电常数的影响探测海水的含盐度等。

1.2.4 雷达遥感可进行干涉测量

微波遥感的主动方式即雷达遥感不仅可以记录目标电磁波回波的振幅信号，而且可以记录电磁波回波的相位信息(图 1.9)，由数次不同位置观测得到的数据可以计算出针对地面上每一点的相位差，进而计算出该点的高程，这就是雷达干涉测量技术。此外，利用差分干涉测量技术，还可以对地表形变信息，如对地震、地壳运动、地面沉降等信息进行监测。

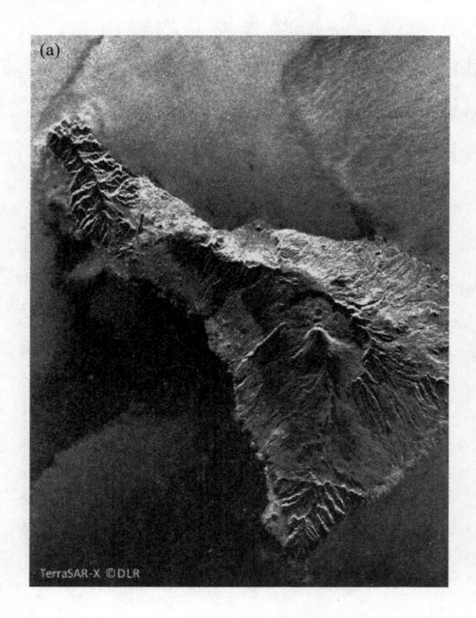

图 1.9 雷达遥感记录的回波(a)强度和(b)相位信息

1.3 微波遥感发展历史

无论是军事上的雷达，还是生活中无线电、电视信号、移动通信、微波炉等都广泛应用了微波技术，微波的利用和发展不仅在遥感应用领域开拓了人类的认知，同时也改变了世界和我们的生活。与光学遥感的发展主要依赖于摄影技术特别是照相机和光敏化学的发展不同，微波遥感的发展则更多地伴随着人类对光、电和磁物理特性认识及应用发展起来的。微波遥感发展的主要历程大致可分为三个阶段：第一个阶段为电磁波物理性质本源的认识，主要是人类对光、电、磁的认识；第二阶段，大致从1922年到1967年，该阶段是微波电磁波应用的早期阶段，主要是脉冲雷达、对地观测雷达和真实孔径成像雷达技术的发展和应用；第三阶段从1967年开始，在这一阶段微波遥感进入到空间微波遥感阶段，从低空的机载雷达发展到航空航天的微波遥感系统。到现阶段，微波遥感已进入到一个快速发展与广泛应用阶段。

1.3.1 微波遥感理论奠基阶段

人类对微波的认识始于光、电、磁物理本性的认识。古希腊的毕达哥拉斯（Pythagoras，约公元前570—490年）最早把光解释为光源向四周发射的一种东西，遇到障碍物会反弹，如果被弹入人眼，人就会感觉到最后一个将光摊开的障碍物。公元前400多年，中国的《墨经》记载了世界上最早的光学知识，其中有影子的定义和生成，光的直线传播、小孔成像实验、平面镜、凹面镜、凸面镜中物像关系等的记载（图1.10）。无论从时间上还是科学性而言，《墨经》都可以称得上是世界上最早的几何光学著作。

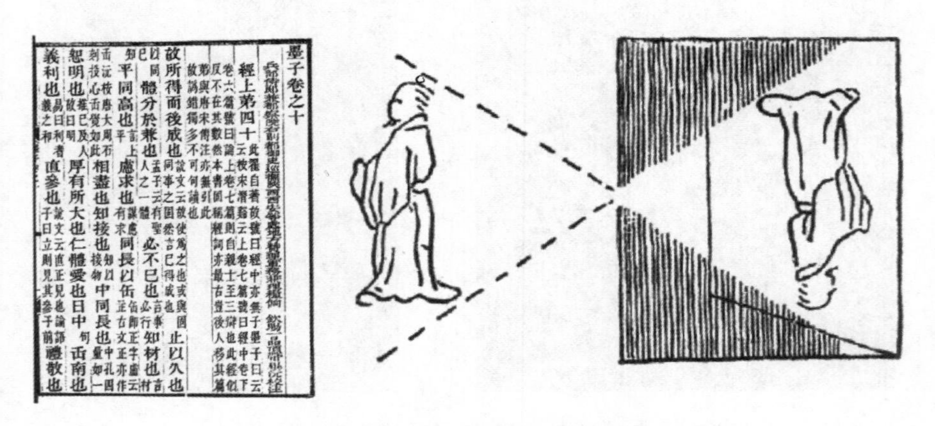
墨子卷之十
經上第四十
故所得而後成也 止以久也
體分於兼也 必不已也 知材也
平同高也 慮求也 同長以缶
相盡也 知接也 中同長也
恕明也 厚有所大也 仁體愛也 日中缶南也
義利也 直參也 禮敬也

图1.10 《墨经》中对光认识的记载及小孔成像

对光的本性的科学探讨从17世纪开始，1660年，英国科学家胡克（Robert Hooke，1635—1703）发表了光波动理论，他认为光线在一个名为发光"以太"的介质中以波的形式四射，并且由于波并不受重力影响，他假设光会在进入高密度介质时减速，胡克的光波动理论是光的波动说的雏形。

1666年，牛顿（Isaac Newton，1643—1727）发现用棱镜可以把白光分成不同的颜色，不同的单色光也可以合成白光，实验成功地解释了光的色散现象。牛顿的分光实验使得光学从几何光学向物理光学迈进，他认为光由粒子组成，并且走最快的直线，光的分解和合成是不同颜色粒子分离和混合的结果。

1678年，荷兰科学家惠更斯（Christiaan Huygens，1629—1695）出版《光的理论》，从光与声的相似性出发，认为光是在"以太"中传播的球面纵波。1704年，牛顿出版了《光学》巨著，这本著作汇聚了牛顿在剑桥30年研究的心血，牛顿从粒子的角度，阐明了光的反射、折射、透镜成像、眼睛作用模式、光谱等多方面的内容，认为光是从发光体发出的以一定速度向空间直线传播的微粒。他更从波动说中汲取养分，将波动说中的振动、周期等理论引入粒子论，全面完善补足了光的粒子学说。由于牛顿的微粒说更好地解释了光在真空或均匀介质中是沿直线传播，光在不同介质的界面上的被吸收、折射和反射等光的现象，再加上牛顿当时在科学界的地位，光的微粒学说在当时占据了优势地位，并统治了整个18世纪。

到18世纪末，托马斯·杨（Thomas Young，1773—1829）和奥古斯丁·让·菲涅尔（Augustin Jean Fresnel，1788—1827）都独立地引入了光是"波"的学说，而在当时占统治地位的还是牛顿提出的光粒子说。杨还论证了颜色视觉的原理，指出三种感色细胞所获得的信息组合能产生色觉，这个理论被赫尔曼·冯·亥姆霍兹（Hermann von Helmholhz，1821—1894）进一步发展成为现在杨-亥姆霍兹理论，该理论为彩色摄影及彩色显示器的发明奠定了基础。

杨在18世纪90年代中期进行的声波传播的研究工作中，认为声波与光在本质上是类似的。1802年杨率先进行了光的波动学说的简单证明，即著名的"杨氏双缝实验"，该实验首次演示了光的干涉现象，杨通过该实验建立了光的波动特性理论。之后他还计算了七色光的波长，在1817年提出了光波是横波而不是纵波的概念。杨氏双缝干涉实验首次演示了光的干涉现象，只有光的波动性才能出现干涉现象，从而又再一次掀起了光到底是什么的历史纷争。直到20世纪初，随着爱因斯坦光量子学说的提出，光的波粒之争才算统一。1905年爱因斯坦发表论文，指出光具有波粒二象性，对于能量的吸收、传递等物理现象，光更多以能量体现，表现为粒子性；对于光的传播干涉、反射、折射等现象则更多地体现了光的波动性。

在电、磁物理特性的认识方面，19世纪中期，科学家通过实验逐渐认识到电和磁之间是有关联的，丹麦物理学家汉斯·克里斯蒂安·奥斯特（Hans Christian

Ørsted, 1777—1851)发现通电的电线能引起附近指南针指针的转动。1831 年,迈克尔·法拉第(Michael Faraday, 1791—1867)通过实验发现,时变的电以某种方式产生了磁,时变的磁也可以以某种方式产生电,即电磁感应现象。1845 年,法拉第进一步发现了电、磁和光的联系,他发现强的磁场会影响在介质中传播的光束的特性。此外,1849 年阿曼德·菲索(Armand Fizeau, 1819—1896)首次以非天文观测的方法测定了光速。菲索利用齿轮测速的方法,精确地测量了光的速度,其精度可以达到 0.001%,光速的精确测定对于光、电、磁的统一具有重要的意义。

詹姆斯·克拉克·麦克斯韦(James Clerk Maxwell, 1831—1879)将奥斯特和法拉第的实验联系起来,对电、磁及它们在介质中的作用进行了总结归纳,用“麦克斯韦方程组”进行了表述,表明电场和磁场在真空中将以波传播的形式通过空间,这种振荡的场是自生的;振荡的电场引起振荡的磁场,反之振荡的磁场也会引发振荡的电场,麦克斯韦方程概括了所有宏观电磁现象的规律,并将它们命名为“电磁波”,预言了电磁波的存在。随后麦克斯韦计算了电磁波的理论速度,发现电磁波在真空中的传播速度与菲索测定的可见光速度一致。这就将电、磁、光的性质联系了起来,麦克斯韦还做出了三者在本质上完全一致的科学假设,揭示了光的电磁本质。1886 年,该理论被海因里希·鲁道夫·赫兹(Heinrich Rudolf Hertz, 1857—1894)实验得以验证,实验演示了电磁波在空间中以光速传播。赫兹电磁波实验通过一个感应线圈振子发射震荡的电流能产生一个电磁波,然后通过谐振器(图 1.11)。谐振器相当于天线,线圈振子产生的电磁波可通过谐振器被观测接收到。如果发射和接收在一定距离上,就可以进一步测得电磁波的速度,也就证实了麦克斯韦通过理论方程计算的电磁波速度。

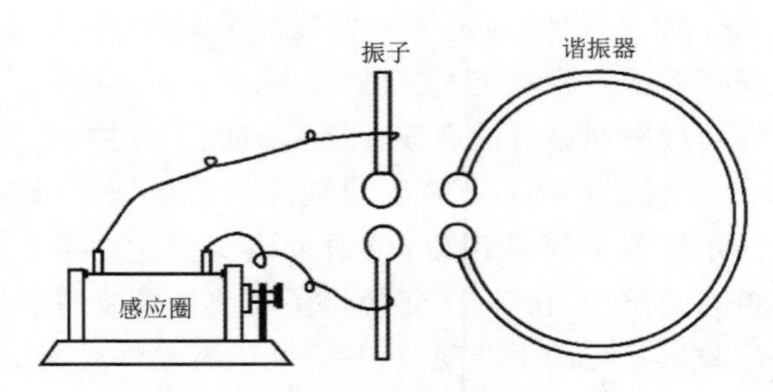

图 1.11　赫兹电磁波实验

此外,赫兹电磁波实验已经基本具备了雷达电磁波的发射设备和电磁波接收设备的雏形,在赫兹实验的 7 年后,剑桥大学的科学家进行了超过 1 km 距离的无线电信号传输实验。1901 年,意大利科学家古列尔莫·马可尼(Guglielmo Marconi, 1874—1937)成功将无线电波传过大西洋,宣告全球通信时代的到来,并为微波遥感和雷达的发展奠定了基础。

1.3.2　微波遥感技术早期发展

1922年，马可尼在向美国电气工程协会提交的报告中，完整阐述了通过雷达进行探测的技术，通过这种技术“可以将隐藏在大雾或阴雨天气中的船只一览无余”。美国海军实验室（U. S. Naval Research Laboratory，NRL）的泰勒（A. H. Taylor）等科学家也开始研制脉冲雷达，他们最初使用连续波系统发送连续信号进行了早期雷达探测的实践。脉冲雷达实用系统的开端一般认为是由苏格兰科学家罗伯特·华生-瓦特（Robert Watson-Watt）开始的，1919年瓦特利用无线电进行了远程雷雨定位的研究。经过多年的研究和改进，1935年4月，华生-瓦特获得了无线电探测与测距（Radio Detection and Ranging，RADAR）装置的发明专利，通过该装置可以借助微波脉冲对飞行器进行定位和测距。与此同时，美国海军研究实验室也完善了脉冲雷达的应用，特别是用于目标探测的脉冲雷达。1934年，他们开始尝试利用工作频率为60 MHz的脉冲雷达进行目标探测。此后，脉冲雷达技术在第二次世界大战期间得到了飞速的发展，出于对敌军飞机、舰船及暴风雨定位的需求，大量的投入被应用到雷达探测技术的研发中，并在战争中发挥了重要的作用。如1939年英国沿东海岸建立的无线电探测系列高塔——“本土链”预警雷达系统（Chain Home），成为“不列颠空战”中提供位置、高度信息并能承受德国空军袭击的有力工具，雷达操作员可以引导数量处于劣势的盟军飞机集中对来袭的敌方战机进行拦截。1944年盟军诺曼底登陆前研制的机载雷达可以成功探测到德国海军的U型潜艇水上潜望镜，该系统在“大西洋战役”中为盟军提供了最后一道防线。

经过二战后，微波的应用趋于多样化，除了军事上预警雷达的应用外，在气象探测、天体观测上都有进一步的发展和应用。机载雷达技术的发展和进步，也成为成像雷达发展的根源。20世纪50年代，以军用侦查为目的的机载成像侧视雷达（Side Looking Airborne Radar，SLAR）研制成功，成像雷达可以在黑暗环境中获取影像，不受云层的影响，而且可以识别植被层以下隐蔽的目标。侧视雷达利用胶片记录沿飞机飞行方向一侧平行的扇形波束覆盖范围内的连续图像。

1952年，美国Goodyear宇航公司（Goodyear Aircraft Corporation）的卡尔·威利（Carl Wiley）为了改善长波成像雷达的分辨率研发了一种利用回波多普勒频移来获取高分辨率的方法，即“多普勒波束锐化系统”。通过这种技术可以使用小天线实现较大的合成天线（孔径），从而获得较高分辨率，“孔径合成”技术的诞生使具有较高分辨率的航天成像雷达成为可能。1953年7月，伊利诺伊大学（University of Illinois）控制系统实验室用机载X波段相干脉冲雷达对地面和海面的反射信号进行了研究，第一次证明了合成孔径雷达的原理，并获取了第一幅合成孔径雷达影像。

1967 年，机载侧视雷达首次用于民用地形测绘，美国与巴拿马政府利用真实孔径雷达(AN/APQ-97，西屋公司)在巴拿马达连省多云山地雨林区执行测绘任务，覆盖了 2 万 km^2 的面积，该任务的实施为雷达测绘项目树立了榜样。此后，该系统被广泛应用于世界各地的测绘部门，雷达测绘项目在委内瑞拉、亚马孙地区也陆续实施，在区域制图、地理分析、资源调查等方面发挥了重要作用。这些项目的成功实施为成像雷达作为不可替代的测绘工具开辟了道路。

1.3.3 航天微波遥感发展阶段

这一阶段微波传感器开始用于空间遥感。1962 年，美国第一次开始用双频道微波辐射计探测金星表面温度，微波传感器开始应用于空间遥感。这台星载微波辐射计(16 GHz 和 22 GHz)被“水手 2 号”(Marine 2)探测器送入金星观测轨道。1968 年，苏联“宇宙 243”(Cosmos 243)搭载了四台底视微波辐射计进入观测轨道，这是人类首次使用微波辐射计进行大气观测，对不同波长微波辐射的探测可以获取大气的化学成分和温度信息。1972 年，美国发射了“雨云 5 号”(Nimbus-5)卫星，搭载了NEMS(Nimbus-E Microwave Spectrometer)雨云-E 微波辐射计，该辐射计主要应用为温度探测。此后，微波辐射计从单通道、低分辨率不断向多通道、更高分辨率的方向发展，测量对象包括降水、水汽凝结物、温度廓线等内容。

星载雷达的发展是从雷达高度计和微波散射计的应用开始的。1969—1970 年，雷达高度计被用作“阿波罗”(Apollo)计划登陆月球时的导航装置，美国 1973—1974 年开展的“天空实验室”(Skylab)计划进行了微波散射计的观测实验。到 1978 年，美国成功发射了搭载合成孔径成像雷达的首颗海洋(Seasat-A)卫星，标志着成像雷达进入太空对地观测的新时代。Seasat-A 是一颗综合性海洋遥感卫星，搭载了雷达高度计、多波段微波扫描辐射计、微波散射计和合成孔径雷达，主要应用于地球海洋探测，其中雷达高度计测量海洋水准面精度可达 7 cm，极大地推进了空间微波遥感技术的发展。

1981 年，NASA(美国航空航天局)利用哥伦比亚号航天飞机成功进行了航天飞机合成孔径雷达系统 SIR-A 飞行，其后 1984 年又利用航天飞机将后续的 SIR-B 送上太空，这些成像雷达获取了大量的地面数据，其中 SIR-A 对撒哈拉沙漠地下古河道的探测在测绘行业引起了巨大的震动。1988 年，美国军事卫星“长曲棍球”获取的合成孔径雷达达到了 1 m 的空间分辨率，并成功用于海湾战争。

20 世纪 90 年代以来，以合成孔径雷达(SAR)技术的快速发展为代表，微波遥感发展进入一个崭新的阶段，已获得与可见光遥感、红外遥感并驾齐驱的地位。各个国家和组织相继发射了不同系列的微波遥感卫星。

1991 年苏联发射了 S 波段 ALMAZ-1 卫星，欧洲航天局(ESA)分别于 1991 年 7

月和1995年发射ERS-1、ERS-2，两颗卫星在同一轨道上以一天的时间差飞过同一地区，可以进行双星干涉测量。日本于1992年2月发射了L波段的JERS-1，1994年NASA在SIR-A/B发展的基础上，又利用航天飞机发射了SIR-C/X-SAR，它是第一颗运行在地球同步轨道上的高分辨率、全极化成像雷达。加拿大国家航天局(CSA)1995年发射了RadarSat-1，是一颗具有多模式、多分辨率的C波段成像雷达，它是第一个具有商业运行能力的星载SAR系统。

在微波辐射计发展方面，NOAA(美国国家海洋大气管理局)在1998年利用新研制的先进微波探测器AMSU(Advanced Microwave Sounding Unit)替代MSU成为NOAA气象卫星的微波遥感载荷，主要用于大气垂直温度和湿度廓线的探测。

进入21世纪以来，微波遥感得到了更加广泛和深入的应用发展。2000年2月，NASA使用SIR-C/X-SAR进行了10 d的航天飞机雷达遥感飞行，完成了"航天飞机雷达地形测绘任务"(Shuttle Radar Topography Mission，SRTM)，该任务使用雷达干涉测量技术采集了北纬60°至南纬56°之间的地球表面约80%区域地形数据，生成地面三维地形图。2002年，ESA成功发射了多极化、多入射角和大幅宽的极轨对地观测卫星ENVISAT-ASAR，广泛应用于资源环境调查、自然灾害监测等领域；2006年，日本成功发射L波段全极化先进陆地观测卫星ALOS-PALSAR，具备单星干涉测量能力；2007年，CSA成功发射了具有3 m空间分辨率的全极化相控阵C波段卫星Radarsat-2，可以实现高空间分辨率干涉测量；德国宇航中心(DLR)先后于2007年和2010年成功发射了1 m分辨率的X波段雷达卫星TerraSAR-X和TanDEM-X，可实现1 d内重复轨道的干涉测量成像；意大利在2007—2008年先后发射了4颗COSMO-SkyMed卫星组成雷达卫星星座，印度于2012年发射了RISAT-1，ESA 2014年4月发射了Sentinel小卫星星座中第一颗搭载C波段SAR的卫星Sentinel-1A，日本于2014年5月成功发射ALOS-2卫星。2016年8月中国成功发射高分三号卫星，为C频段多极化合成孔径雷达(SAR)卫星，空间分辨率可达到1 m，已跻身国际先进行列，目前已进入业务应用阶段，并在国土测绘、资源普查、城市规划、重点工程选址、抢险救灾等领域发挥了重要作用。

成像雷达遥感经历了从真实孔径到合成孔径、从机载到星载、从单极化到多极化、从单波段到多波段、从数据的光学处理到数字处理、从SAR到InSAR等技术发展的过程。未来SAR将向着作用距离更远、探测范围更广、抗干扰能力更强、制造成本更低，多极化、多平台、多波段和小型化的方向发展，SAR将成为"空天地一体化"、全天候、立体化对地探测的主力军。

随着各种机载、星载成像雷达技术的飞速发展和数据质量的不断提高，SAR遥感获取的目标信息越来越精细，如何从数据中提取出有效地物信息，已成为微波遥感应用研究的重点。与目前数据的获取能力和SAR数据源快速增长的现状相比，SAR

图像处理技术和相关信息提取模型算法发展还相对滞后，还不能满足大数据的自动化处理和应急，以及国土资源、农业、林业、灾害、生态、国家安全等领域遥感应用所需各种信息提取的要求。因此，研究各类地物信息微波遥感机理模型，结合微波遥感大数据和人工智能算法，建立系统的SAR信息处理与解译技术平台，实现SAR图像的信息提取和解译，是实现高分辨率SAR卫星遥感数据信息产品开发和在各领域成功应用的关键。

1.4　中国微波遥感的发展

我国的微波遥感技术工作起步较晚，基本上与我国改革开放同步发展。在国家科技攻关计划中，一直将微波遥感列为重点研究领域，特别是经过“七五”国家攻关计划后，在硬件方面成功研制了微波散射计、真实孔径雷达和合成孔径雷达等主动式微波遥感器和多种频率的微波辐射计。在“八五”期间又研制出了机载微波高度计，从20世纪80年代起，进行了合成孔径高度计的预研，并于20世纪90年代初进行工程样机研制。除此之外，我国还进行了星载SAR和星载微波成像仪的研制工作，20世纪70年代中期，中国科学院电子学研究所率先开展了SAR技术的研究，1979年成功研制了机载SAR原理样机，并获得了我国第一批成像雷达图像。1983年和1987年，又分别研制成功了X波段单极化和多极化机载SAR系统。

干涉合成孔径成像技术的研究工作起步于20世纪90年代中期。1999—2001年，中国科学院空间中心国家863计划微波遥感技术实验室成功研制了C波段合成孔径微波辐射计样机，并于2001年4月完成机载校飞。2003年，我国成功研制了1 m分辨率的SAR系统，并成功完成了淮河洪水的监测任务，得到了国内首幅连续大面积1 m分辨率的雷达图像。此后2004年4月研制成功X波段一维综合孔径微波辐射计，成功获取了高空间分辨率机载微波图像，标志着我国基本掌握了干涉合成孔径雷达成像的关键技术。

2002年12月，我国第一个多模态微波遥感器(M^3RS)由神舟四号送入太空，有效载荷包括多频段微波辐射计、雷达高度计、雷达散射计和SAR，实现了我国星载微波遥感器的技术突破。2006年4月，我国第一颗自主研发的高分辨率、大幅宽SAR卫星“遥感卫星一号”在太原卫星发射中心成功发射，开启了我国航天卫星微波遥感全模态工作模式，获得的数据首次成功应用于黄河防汛工作；随后分别于2007年11月、2008年12月和2009年4月成功发射了“遥感卫星三号”“遥感卫星五号”“遥感卫星六号”卫星，并陆续应用于国土资源勘查、环境监测与保护、作物估产、空间科学试验等领域。2007年，我国发射的“嫦娥一号”月球探测卫星上搭载的微波探测仪分系统由4个频段的微波辐射计组成，主要用于对月球土壤的厚度进行估计和评测，这也是国际上首次采用被动微波遥感手段对月球表面进行探测。

2012年11月19日，环境一号卫星C星(HJ-1C)成功发射入轨，其工作频率为S波段，这是我国发射的第一颗民用星载SAR卫星。2016年8月10日，我国在太原卫星发射中心成功发射高分三号卫星，这是我国首颗分辨率达到1 m的C频段多极化合成孔径雷达卫星。高分三号有12种工作模式，是世界上工作模式最多的合成孔径雷达卫星，它不但可以观测陆地，也能观测海洋；不但能够大范围地普查，也能够对特定的目标进行详查，更好地分辨、识别地上、海上物体。高分三号已在海洋、减灾、水利、气象等多个领域展开广泛应用，为海洋和陆地资源环境监测、应急防灾减灾提供了重要数据支撑。

第2章　微波电磁辐射物理基础

2.1　电磁波基本概念

2.1.1　电磁波概念

人类对电磁辐射的本质的认识，在漫长的历史上经历了不同的阶段，现在逐渐形成了电磁辐射具有波粒二象性的认知，即电磁辐射同时具备粒子性和波动性。电磁辐射的粒子性，指以离散的光子或量子(light quantum)形式存在，光子是传递电磁相互作用的规范粒子 γ，其静止质量为零，不带电荷，其能量为普朗克常量和电磁辐射频率的乘积。

$$Q = hf = hc/\lambda \tag{2.1}$$

式中，Q 为一个光子的能量，单位为焦耳(J)；h 为普朗克常数，为 $6.626\times10^{-34}\,\mathrm{J\cdot s}$；$f$ 为频率；λ 为波长；c 为光速。可见，光子的能量与频率成正比，频率越高，能量值越大。

2.1.2　电磁波表示方法

对于微波，电磁辐射的波动性更容易描述和解释其性质，如波长、干涉、散射、极化等现象。以"波"形式来描述电磁辐射，电磁辐射就是以波动的形式在空间传播并传递电磁能量的交变电磁场，即变化的电场在其周围的空间激发出变化的磁场，而变化的磁场又会激发出相应变化的电场(图 2.1)。电磁波是一种横波，电场矢量和磁场矢量相互垂直，且又都垂直于传播方向。可以用下列方程组表示。

$$\begin{cases}\dfrac{\mu}{c}\dfrac{\partial \boldsymbol{H}}{\partial t} = -\dfrac{\partial \boldsymbol{E}}{\partial x}\\[2ex]\dfrac{\varepsilon}{c}\dfrac{\partial \boldsymbol{E}}{\partial t} = -\dfrac{\partial \boldsymbol{H}}{\partial x}\end{cases} \tag{2.2}$$

式中，ε 为介质的相对介电常数；μ 为相对磁导率；t 为时间；c 为光速($2.988\times10^{8}\,\mathrm{m\cdot s^{-1}}$)；

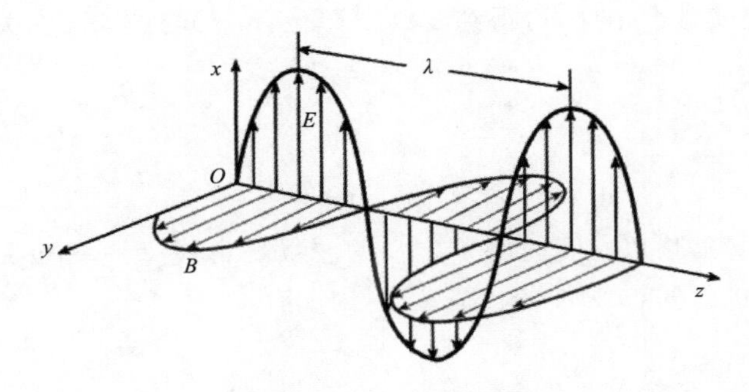

图 2.1　电磁波的传播

E 为电场强度矢量；**H** 为磁场强度矢量。

电磁波具有波长(或频率)、传播方向、振幅和极化面(或偏振面)四个基本物理量。振幅是指电场振动的幅度，它表示电磁波传递的能量大小，极化面是指电场振动方向所在的平面。空间中一个沿 z 轴正向传播的电磁波在位置 z 和任意时刻 t 的波形可以用正弦波函数表示为：

$$\psi(z,t) = A\sin\kappa(z - vt) \tag{2.3}$$

式中，A 为电磁波振幅，正弦函数的数值在$[-1,1]$之间，因此 $\psi(z,t)$ 的最大值为 A，表示了从 z 轴到波峰的距离；κ 为波数，为一常数 $2\pi/\lambda$；v 为电磁波传播速度，t 为传播的时间，vt 表示在经过一段时间 t 后，速度 v 的电磁波移动的距离。当波在 $t=0$ 时刻时，式(2.3)可以简化为：

$$\psi(z,t)\mid_{t=0} = A\sin\kappa z \tag{2.4}$$

可见，电磁波具有时间和空间周期性，空间周期为函数的自重复距离，即电磁波的波长 λ，在传播方向 z 轴增加或减少空间周期的距离 λ 时，函数具有相同的数值 ψ，即：

$$\psi(z,t) = \psi(z \pm \lambda, t) \tag{2.5}$$

对于谐波，这与正弦函数的变量改变 $\pm 2\pi$ 的量是相同的，因为 $\sin(x \pm 2\pi) = \sin x$。所以，

$$\sin\kappa(z - vt) = \sin[\kappa(z - vt) \pm 2\pi] \tag{2.6}$$

由公式(2.5)：

$$\begin{aligned}\sin\kappa(z - vt) &= \sin\kappa\,[(z \pm \lambda) - vt] \\ &= \sin(\kappa z \pm \kappa\lambda - \kappa vt)\end{aligned}$$

可得，

$$\begin{aligned}\kappa z \pm \kappa\lambda - \kappa vt &= \kappa(z - vt) \pm 2\pi \\ &= \kappa z - \kappa vt \pm 2\pi\end{aligned} \tag{2.7}$$

其中，κ、λ 均为正实数。由此，可得到波数 κ(单位：m^{-1})与波长 λ 的关系：

$$\kappa\lambda = 2\pi \tag{2.8}$$

即：

$$\kappa = \frac{2\pi}{\lambda} \tag{2.9}$$

进一步可推导得出以时间周期 T 定义的波数 κ，假设 T 为一个完整的波通过固定的观测点所用的时间，v 为波的传播速度，因此有：

$$vT = \lambda \tag{2.10}$$

即：

$$T = \frac{\lambda}{v} \tag{2.11}$$

周期 T(单位：s)是波重复一次需要的时间，通常我们会使用电磁波的频率来表示，即单位时间内通过某一点完整周期的波的数量(或振荡次数)，用字母 f 表示，单位为 s^{-1}，以"赫兹(Hertz)"表示：

$$f = \frac{1}{T} \tag{2.12}$$

一般将电磁波的传播速度用 c 表示，结合式(2.11)和式(2.12)，可得出对于电磁波最基本但也是最重要的公式：

$$c = \lambda f \tag{2.13}$$

式中，c 为电磁波传播的速度，即光速，单位为 $m \cdot s^{-1}$。

电磁波除了具有时间和空间周期表示外，还具有相位周期性。首先，定义描述波的运动角频率 ω 为：

$$\omega = \frac{2\pi}{T} = \kappa v \tag{2.14}$$

式中，2π 表示波一个循环对应的弧度值，T 为时间周期。可见，角频率 ω 表示相位角的变化率，其单位为 $rad \cdot s^{-1}$。基于角频率 ω，可以将波函数用下式表示：

$$\psi(z,t) = A\sin(kz - \omega t) \tag{2.15}$$

基于角频率表示的波函数可以理解为利用圆周来表示正弦波(图 2.2)，它可以将电磁波的振荡性质与转动矢量的周期运动联系起来。图 2.2 中，假设一个长度为 **A** 的指针或者矢量，以笛卡尔坐标的原点为中心，逆时针旋转，并具有恒定的角频率 ω，它随时间变化的轨迹为圆周。将指针的末端投影到 y 轴上(即 $A\sin\phi$)，便得到显示投影随时间变化的曲线($\phi=\omega t$)，即基于长度 A、角频率 ω 的旋转矢量来表示的电磁波随时间变化的函数。

如图 2.2 可见，指针可以从任意时刻、任意位置开始旋转，$\psi(z,t) = 0$ 仅为 $t = 0$ 时刻和 $z = 0$ 位置的一个特例，初始位置的变化会相应引起整个波形的改变。因此要

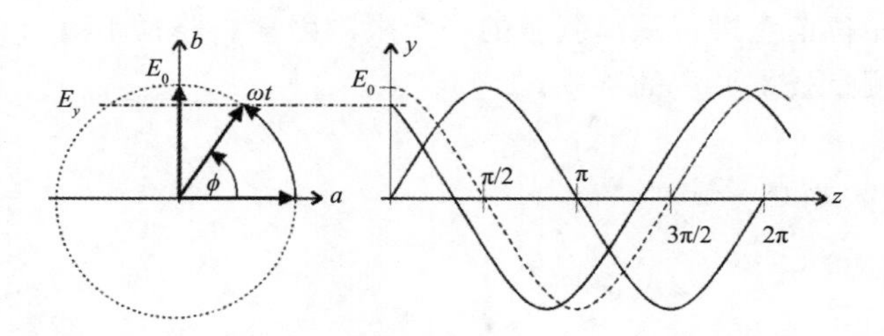

图 2.2　利用逆时针旋转的指针表示正弦波(Woodhouse,2014)

完整描述波形还需要引入一个参数:初始相位 ϕ_0。波的相位表示它在一次循环中所在的位置,与图 2.2 中所示角度 ϕ 相等。初始相位定义了电磁波在一个传播周期中在何种位置开始传播。因此,考虑初始相位,描述电磁波的公式为:

$$\psi(z,t) = A\sin(kz - \omega t + \varphi_0) \tag{2.16}$$

可见,描述以速度 c 传播的电磁波的完整方法,除需要能衡量频率或波长外,还需要考虑振幅 A 和绝对相位 φ,这对于微波遥感尤其是雷达干涉测量具有重要意义。

波的相位随着距离的变化而变化,如图 2.3 所示,由波源 A 处发射的一列电磁波,到 B_1 处探测器接收位置,其传播的距离可以由其波长的整数倍加余下不足一个波长长度部分的和表示。探测器获得的波的相位信息,不包含波长整倍数的信息,但可以得到不足整周数波长的信息(除去整周数倍数)。两列完全相同的波,当其中一列波比另一列多传播了一个波长内的距离 d 时,两列波将具有不同的相位,根据相位差和波长,就可以计算获得 B_1、B_2 两点的距离差,因为探测器接收的为相同的波,所以可以在不需要 A 点初始相位的情况下,根据相位差来计算距离。一般将不足整周数波长的相位差称为相对相位差,波长的整数倍加不足一个波长长度的部分的和称为绝对相位差。

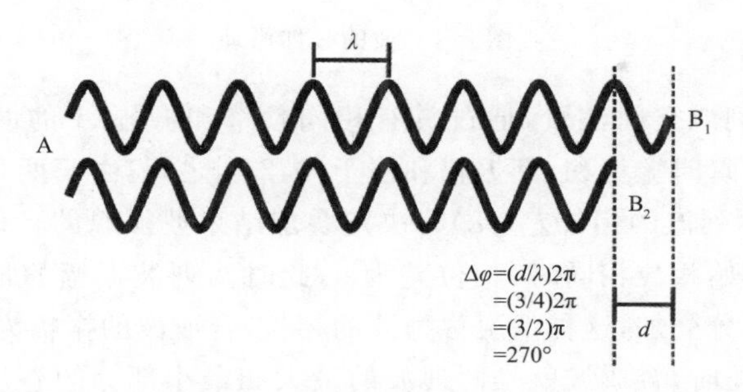

图 2.3　波长、相位与距离度量(Woodhouse,2014)

当 d 大于一个波长的距离时,绝对相位差就包含了多出波长的整倍数部分,这部分相位被称为纠缠相位或模糊相位,我们无法直接获得波长整倍数的具体数值,相位模糊是利用相位信息进行距离测量的一个限制因素。路径距离与相位差之间的关系是雷达干涉测量技术原理的基础。

2.2 电磁波的性质

2.2.1 波的叠加

当空间同时存在由两个或两个以上的波源产生的波时，每个波并不因其他的波的存在而改变其传播规律，仍保持原有的频率(或波长)和振动方向，按照自己的传播方向继续前进，空间相遇点振动的物理量等于各个独立波在该点激起的振动物理量之和，这就是波的叠加原理，叠加原理适用于遥感应用的各种电磁波。根据波的叠加原理，也可以将任意复杂的波形看成由多个较易理解的波形叠加的结果，在数学上已证明了任何复杂波形都可以用无穷个具有适当振幅、频率和相位的正弦波叠加而成(图 2.4)。

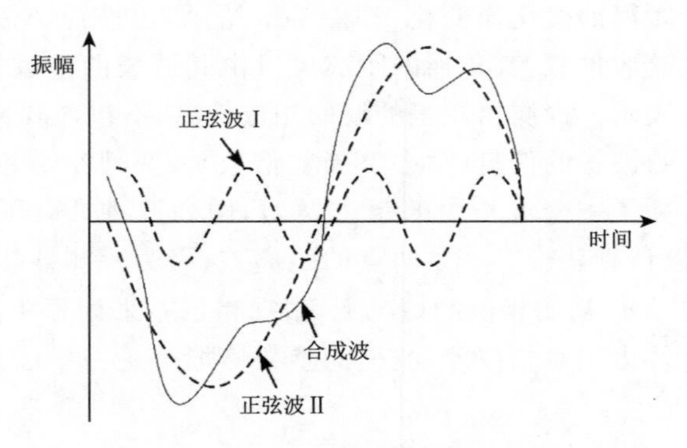

图 2.4　波的叠加原理

在给定的时刻或空间位置，通过具有相同频率和振幅 A 的两列波相加得到的波，具有两列波的瞬时振幅和，其振幅和位于[0,2A]之间，由于两列波可能具有不同的初始相位 φ_0，两列波的相位差($\delta\varphi$)将决定叠加结果波振幅的具体值。如图 2.5 所示，当两列波的初始相位相同时，相位差为 0，此时两列波振幅的最大和最大部分叠加，最小和最小部分叠加，这种情况称为波的相长，合成波的振幅为 $2A$。当两列波具有半周期的相位差时，合成波就是两列波的最大和最小部分的叠加，称为波的相消，合成波在任何位置都是相互抵消，其振幅都为 0。

当存在多列波的叠加，且这些波具有不同的振幅和相位值时，利用图 2.5 正弦波的形式表现就很困难了，这种情况可以借助三角法(图 2.6)和复型数(图 2.7)的方法

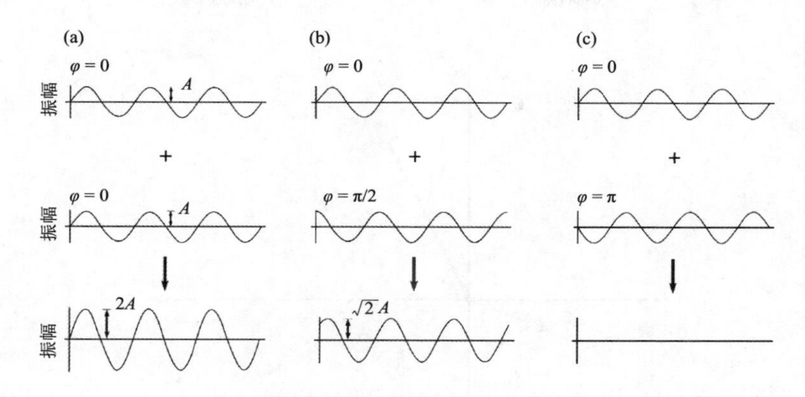

图 2.5　波的叠加(Woodhouse,2014)

来进行分析。图 2.6 表示了同为两列简单波的干涉时的状况:图 2.6a 图为波矢量具有相同的方向和长度,为相长干涉时,其振幅为原始波振幅的两倍,即 $2A$;图 2.6b 为当两列波完全反相时,两列待叠加波的矢量方向相反,对应的矢量相加结果为零矢量,所以合成波振幅为 0;图 2.6c 为两列波存在 1/4 圆周(π/2 弧度)时,可以基于矢量相加和勾股定理得到合成波的振幅为 $\sqrt{2}A$,其相位值位于两列原始波的相位值范围的中间位置。

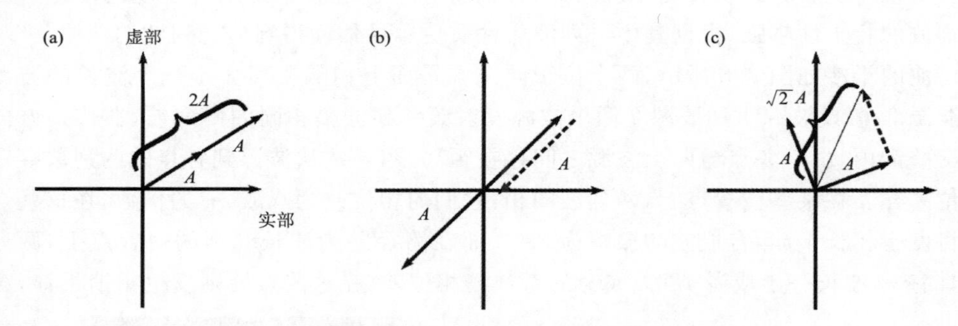

图 2.6　矢量形式表示波的叠加(Woodhouse,2014)

图 2.7 为多列波叠加时的可视化过程,合成波是待叠加的原始波各自贡献的总和,即矢量模的和,其振幅和相位由各个待叠加波的干涉结果决定。

2.2.2　波的相干性

波的相干性(Coherence)是波发生干涉的先决条件。简单来说,两列具有不随时间变化的相位差的波,被称为相干的波。相位差恒定意味着两列波只要具有相同的频率(或波长)即可满足该条件,而振幅和初始相位可以不同。

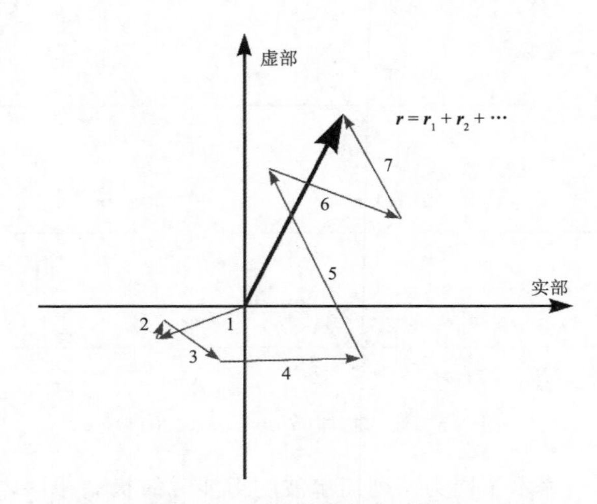

图 2.7　波的矢量表示方法表现的波的叠加（Woodhouse,2014）

两列波发生干涉时，合成波振幅为各个波的振幅矢量和，因此会出现在交叠区某些地方振动加强，某些地方振动减弱或完全抵消的现象。而如果以波矢量方式表示时，相干波可以称为静止矢量，当这些波矢量以不同的角频率旋转时，相加得到的结果矢量也将随着时间旋转变化。因此，可以将相干性理解为可估计程度的度量——两列波的相干性越强，根据其中一列波的性质更容易估计得到另一列波的性质。

波的干涉如图 2.8 所示，两个位于同一水平面上相隔距离大于几个波长的波源 1、波源 2，假设波源 1 和波源 2 两个波源发射频率和振幅相同的两列波，在传播方向的交叠区内，由于各点与两个波源之间存在距离差，导致从波源到各点的两列波存在相位差异。在某些位置点上，两列波同相，它们的相位差为 0 或 2π 的倍数，在这些点处将发生相长干涉，合成波的振幅为 $2A$。而在路径差为波长一半的位置点上，两列波具有 π（波长一半或者 180°）或 π 的奇数倍相位差，在这些点处则发生相消干涉，合

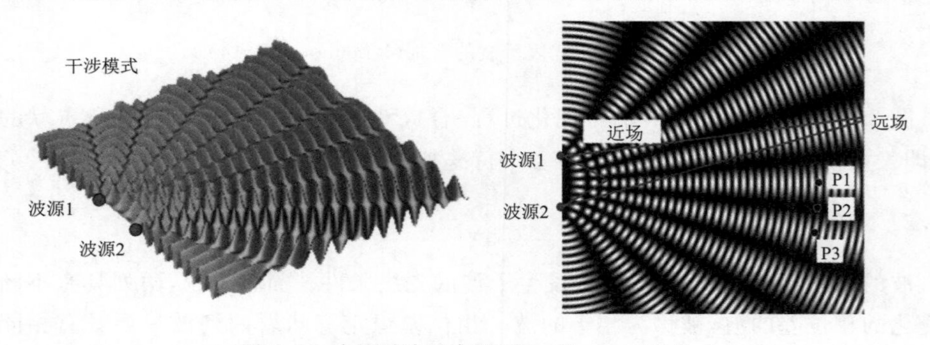

图 2.8　波的干涉示意图（Woodhouse,2014）

成波的振幅则为0;在相位差介于以上两种极端情况之间的点位,合成波的振幅位于0和$2A$之间。于是,在两列波的交叠区域,就产生了振幅位于0和$2A$之间的有规律高低分布的干涉条纹图,图形看起来像从两个波源处向外数个离散方向辐射出来一样(图2.8),而且当存在两个波源时,干涉条纹图的条纹分布更易被测定。

此外,由干涉条纹图(图2.8)可见,靠近波源位置(在几个波长范围以内)的干涉条纹图形比远离波源位置的图形更为复杂,在远处观测到的仅为简单的一组放射状线条。一般可根据"夫琅禾费判据"(Fraunhofer Criterion)将干涉区域分为"近场"和"远场",即当位于待考察空间区域的真实波前与平面波波前间的差异小于波长的八分之一($\lambda/8$)时,认为该区域为远场情况,当待考察波前满足区域足够小或距离波源距离非常大时,可认为是直且相互平行的波前。因此,近场和远场的判定取决于目标区域大小和距波源的距离,即目标区域应具有比该区域距离波源的距离小得多的尺寸,即满足远场条件。在遥感应用中,波源和探测器的距离一般都远大于目标区域尺寸(即像素),所以均基本满足远场观测条件。

在干涉图中,当P1点位于波源1、波源2中间的对称线上时,P1点到两个波源的距离相同,当两个波源保持同相时在该点处发生相长干涉,且位于该对称轴线上的各点均为相长干涉,一般将该方向称为0°视角方向,简称为指向角或视向角。在图中P2点到两波源的距离不同,当距离差为波长的一半($\lambda/2$)或一半的倍数时,在该点的两列波的相位差就是π的倍数,所以该点发生相消干涉。随着位置的变化,两列波的相位差呈现出在$[0, 2\pi]$之间逐渐变化的特征,相长干涉和相消干涉规律出现的条纹状图形,具体呈现出向不同方向辐射的相长干涉波束,波束的方向和数量取决于波源的位置和波长的大小。如将图2.8中波源的波长减半,波束的数据将增加1倍,相应每一波束的宽度将减半。

在远场条件下,可以认为波是相互平行沿特定方向传播(图2.9),根据两个波源

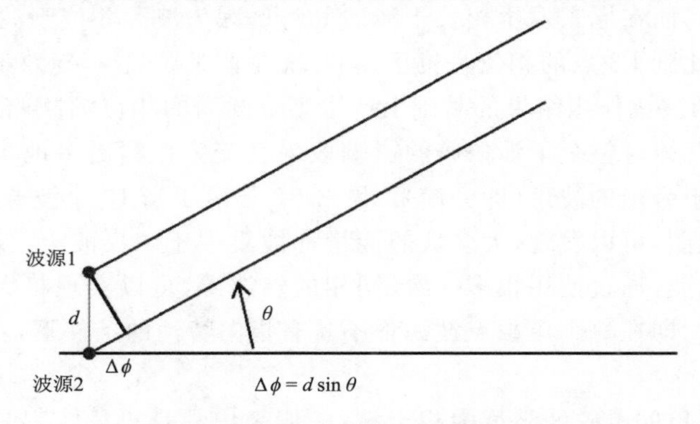

图2.9 波源的几何位置对干涉的影响(Woodhouse,2014)

的距离 d 和视角 θ，可推算在该视角方向路径长度的差值 δl 为：

$$\delta l = d\sin\theta \tag{2.17}$$

相位差 $\Delta\varphi$ 为：

$$\begin{aligned}\Delta\varphi &= \frac{\delta l}{\lambda}2\pi \\ &= \frac{2\pi d\sin\theta}{\lambda} \qquad (\delta l < \lambda)\end{aligned} \tag{2.18}$$

距离差 δl 可以为波长的任意倍数，但对于干涉图来讲相对相位差才是决定因素，因为 $\delta l / \lambda$ 的值小数部分为相对相位差对应的距离差。当相位差 $\Delta\varphi$ 为 2π 的整数倍时，干涉图对应位置为相长干涉，是振幅的峰值处，因此有：

$$\frac{2\pi d\sin\theta}{\lambda} = m2\pi \tag{2.19}$$

$$d\sin\theta = m\lambda \tag{2.20}$$

可见，通过改变两波源的间距或波长，即可得到特定方向上波的能量相对集中的波束，这对于主动雷达遥感具有重要意义，理想的雷达探测波是将所有的能量辐射到一个相对窄的方向上，以便提高探测的精度与探测距离。此外，波源的初始相位也会改变干涉波束的方向，如将波源 1、波源 2 两个波源的初始相位设置为相差半个周期(π)，在图 2.8 P1 点所在的对称线上，相位差则是完全反相的，发生相消干涉，而在 P2 处则发生相长干涉，振幅峰值线(波束方向)就不是指向 P1 方向，而是在 P2 方向。因此，只要改变发射信号间的初始相位差值，就可得到任意指定方向上的干涉图。

上文讨论了两波源情况下，干涉条纹图的一般特性及影响因素。总体上，在两波源干涉图上最大振幅条带数量还是较多的。进一步考虑一下，如果增加波源的数量，将对干涉图形产生什么样的影响呢？可以假设在图 2.8 两波源中间位置增加第三个相同性质的波源 3，来分析干涉条纹的变化。在 P1 方向上，三个波源将产生相长干涉，振幅变为 $3A$，而在原来发生相长干涉的 P3 点，因为波源 3 位于波源 1、波源 2 两点中间位置，因此到 P3 点的相位是位于 0 和 2π 中间的位置 π，导致第三个波源将在波源 1、波源 2 两波源作用结果的基础上产生半个圆周的相位消减，合成波振幅就变为 $2A-A=A$，总体对整个干涉条纹的影响效果就变为振幅更多地集中到了中央波束，更少地分布于旁边的波束(即旁瓣)。图 2.10 显示了当 10 个波源分布于 6λ 距离产生的干涉条纹图，可以发现，大多数的能量都被集中于中央波束，仅有少量的能量分布于旁瓣。因此，通过使用很多一致、同相的点波源，可以实现将大多数能量集中于单一的波束中，即在每个单独点波源都不具有指向特性的条件下，获得一个窄的敏感波束的效果。

产生干涉现象的电磁波被称为相干波，一般来说凡是单色波都是相干波。雷达发射的电磁波和激光器产生的激光均为相干波。从两个距离较近的目标物反射回来

图 2.10　多波源的干涉条纹图(Woodhouse,2014)

的波具有高度相干性,因而这类传感器在成像时,获取的图像上某些区域可能没有接收到任何功率,而有的区域从两个目标物接收到的反射功率则可能是其中一个物体的平均反射功率的 4 倍。因此,由于波的相干性的特点,微波雷达图像上会出现颗粒状或斑点状的特征,这是一般非相干的光学图像所没有的特征。

2.2.3　波的衍射

如果电磁波投射在一个它不能透过的有限大小的障碍物或孔径时,将会有一部分波从障碍物的边界外通过,这部分波在超越障碍物时,会改变方向绕过其边缘达到障碍物后面,这种使一些辐射量发生改变的现象称为电磁波衍射。

电磁波的衍射可以认为是波的干涉的扩展,根据惠更斯原理,一个连续线源和许多紧密等间隔排列(间距远小于电磁波波长)的孤立点源的干涉图形几乎没有区别。该原理不仅适用于波源,也适用于波前,因此可将其用于分析被一系列跨越孔径照射的平面波波前。孔径等效于多波源结构,即一个孔径的缝隙可由多个点源排列来等效,缝隙后面的波前可由许多小点源波叠加而成,中间部分的波前保持不变,会在孔径外呈现为平面波,而在孔径边缘呈现波前的“弯曲”,即产生旁瓣,主瓣宽度则取决于波长和孔径大小的比值。

图 2.11 显示了一个平面波到达三种不同孔径缝隙发生衍射的示意图,图 2.11a 中缝隙比波长大得多;图 2.11b 中缝隙与波长相当;图 2.11c 中波长比缝隙小得多。在生活中很难直接观测到电磁波的衍射现象,因为一般物体的大小比可见光波长都

大得多，较易感觉到的衍射是声波的衍射，如人们可以听到从街角绕过来的声音，这就是一种声波的衍射现象。

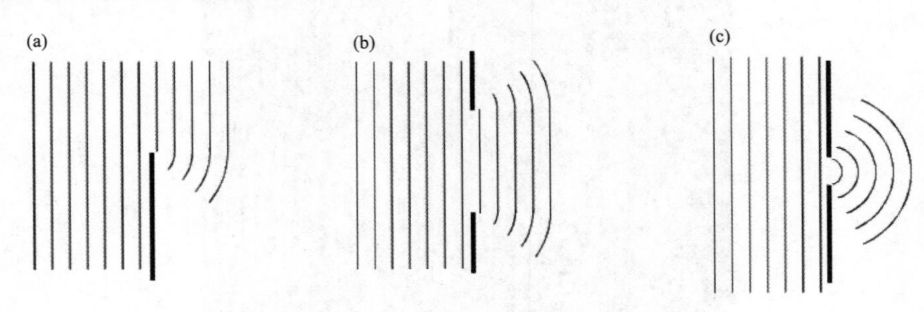

图 2.11　电磁波衍射

衍射效应对微波遥感的影响主要有两方面，一是雷达天线孔径会引起发射和接收波的衍射扭曲，因为天线作为雷达系统发射和收集检测目标回波的仪器，当发射时其孔径相对于一个线性波前，在接收时相对于波场中的一个孔洞，因此都会发生衍射，这种衍射扭曲限制了天线的角分辨率。此外，成像系统本身也会受到孔径衍射的影响，同样会制约角分辨率，这是成像系统本身的物理限制；二是微波遥感的目标物尺寸与微波波长(1 mm～1 m)空间尺度大致相当，如土壤粗糙度、树枝、麦秆、水面风生波和海洋波浪等均处于这一空间尺度内，相对于球形和长圆柱形目标的衍射，自然目标物体的衍射效应更为复杂，实际上难以精确求算其物理解。

2.2.4　电磁波的极化

电磁波是横波，振荡方向垂直于波的传播方向。与纵波相比，在波的传播特性参数里就多了一个描述振荡方向特性的参量，如同甩动绳子具体是采用何种方式来挥舞(上下或左右抖动)，对于电磁波来说，表示这种特性的参数被称为极化，极化是仅针对横波才有意义的特性。

横波可以表示为两列子波叠加的结果，其中一列仅沿着水平方向发生振荡，另一列则仅沿着垂直方向振荡(图 2.12)。电磁辐射的作用主要通过电场分量来表现，一般情况下自然物质与电磁波作用时，直接发生变化的也是电场，因此电磁波的极化通常是指在空间给定点上电场强度矢量的取向随时间变化的特性，用电场强度矢量的端点在空间描绘出的轨迹来表示。如果电磁波传播时电场矢量在空间描绘出的轨迹为一直线，它始终在一个平面内传播，则称为线极化波，线极化波又有水平极化波和垂直极化波之分。以地球表面作为参照，如电磁波的电场振荡方向垂直于地球表面，称为垂直极化波；如果电磁波的电场振荡方向与地球表面平行，则称为水平极化波。

上文以地球表面为参照，在任意坐标系统下定义了电磁波极化的方向，为了微波

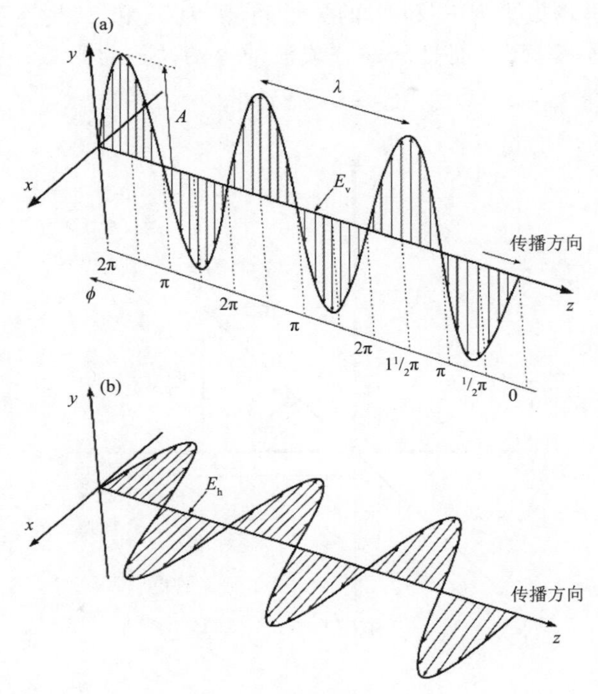

图 2.12　线极化的两种形式
(a)垂直极化；(b)水平极化

极化特性的定量描述和极化测量，则需要定义严格的极化坐标系统，通常选取垂直于波传播方向的平面作为参照面，通过考虑电场矢量穿过选定的 x-y 平面时的变化，实现极化特性的描述。

在微波遥感中，当传感器进行侧视（非底视）观测时，一般将水平轴 x 设定为平行于地球表面的方向，竖直轴 y 则定义为垂直于该方向的方向。这样得到的 x-y 平面就是针对传感器的，而不是地面的。波的前进方向则被定义为 z 轴的正方向。线极化波即为电场矢量沿着 x-y 平面内直线传播的波，其中水平极化波仅沿着 x 轴方向发生振荡，垂直极化波仅在 y 轴方向振荡。

在前文 2.2.1 节，我们讨论了波的叠加效应，其前提均为具有相同极化的单列波的叠加。在极化测量中，需要考虑具有不同极化特性波的叠加观测。当两列具有正交极化特性的相同振幅极化波相干叠加时，新的合成波除在振幅和相位存在差异之外，在极化特性上与原始波也存在不同。例如，两列同相且具有相同振幅 A 的正交极化波 E_x（水平极化波）和 E_y（垂直极化波）叠加时，E_x 和 E_y 通过空间某点时电磁波电场矢量的变化相同——当 E_x 达到最大振幅值时，E_y 也同步表现为最大振幅，因此在某时刻该点的电场矢量为 E_x 和 E_y 的矢量和，因为 E_x 和 E_y 是连续振荡的，它们的矢量和也将发生连续振荡，而且新的合成波的振荡轨迹将形成一条与两轴夹角为 π/4(45°)的直线，振幅为 $\sqrt{E_x^2+E_y^2}=\sqrt{2}A$（图 2.13）。

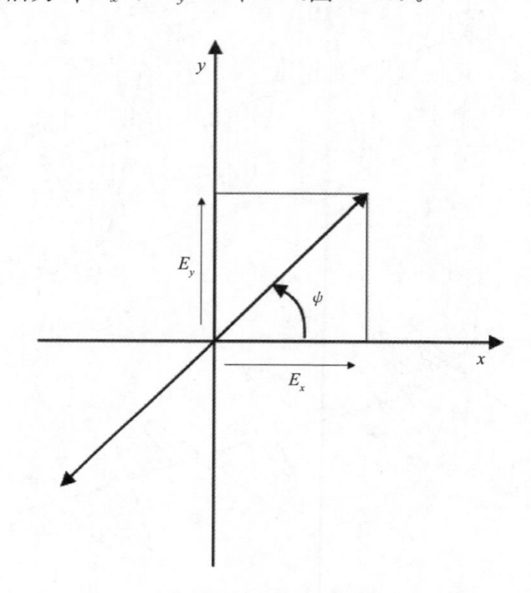

图 2.13　两列同相的正交极化波叠加结果

可见，通过改变两列待叠加波的相对振幅可得到与 x 轴任意夹角的线极化波。当 y 轴分量越小越接近零振幅时，振荡角度（即与 x 轴的夹角）越小，越接近水平极化。一般将极化波的最大振幅与水平轴的夹角定义为极化波的方位角，一般用希腊字母 ψ 表示。

$$\psi=\tan^{-1}\left(\frac{|E_y|}{|E_x|}\right) \tag{2.21}$$

方位角的单位可以是度或弧度。

因为两列叠加波是彼此相互独立的，如果两列波存在相对相位的差异（δ），比如可以将 E_x 设置为比 E_y 具有微小的延迟（一个波长范围内），这样两列波不会同时达到最大或最小振幅，E_y 将比 E_x 先到达最大振幅，合成波电场矢量 $\boldsymbol{E}$ 的轨迹将呈现为一个椭圆（图 2.14），椭圆中心轴朝向为 $+\pi/4(+45°)$，矢量 $\boldsymbol{E}$ 端点将沿椭圆逆时针旋转，这称为椭圆极化。

随着相位差的增加，极化椭圆将变得越来越趋向于圆形，当相位差增加到 90°（$\delta=90°$）时，椭圆的长、短半轴变得相同，合成波的电场矢量轨迹呈现为圆形，此时电磁波的极化方式称为圆极化。此时，当 E_x 达到最大值时，E_y 正通过原点，反之亦然。在

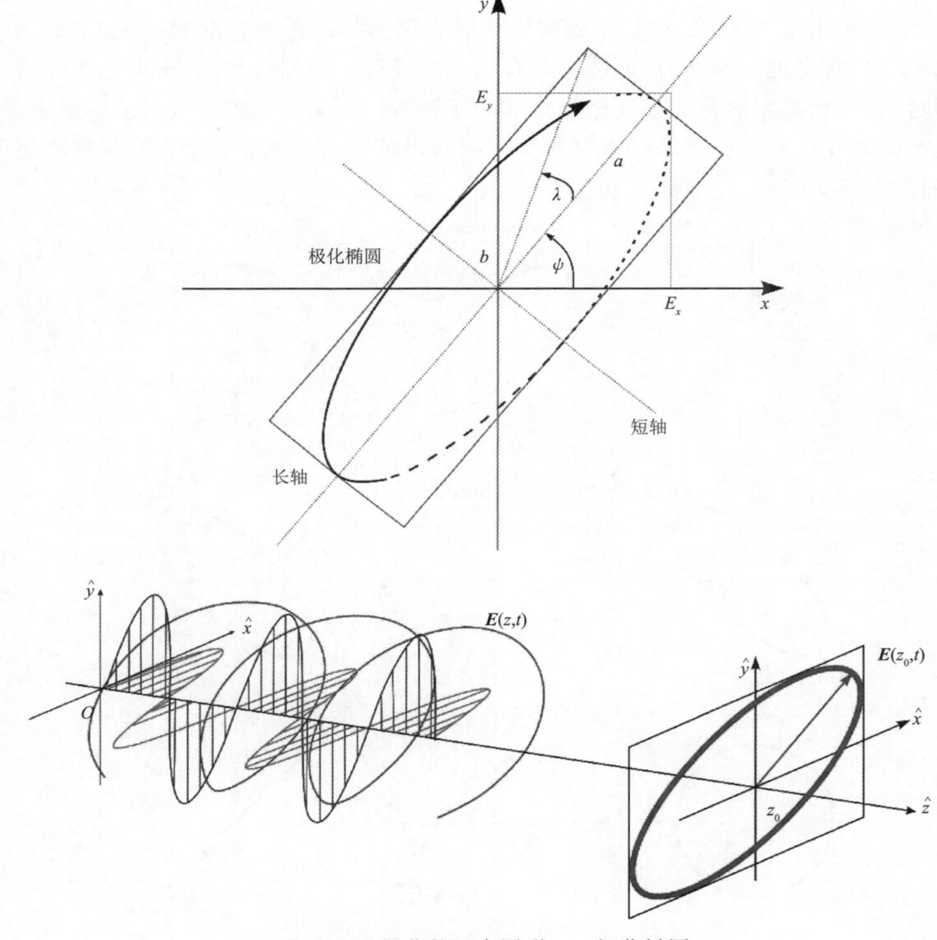

图 2.14 极化的基本图形——极化椭圆

整个变化周期中，因为叠加波的振幅保持不变，仅改变两列波的相对相位，因此合成波的振幅不变。

可以用椭圆度参数来描述椭圆的形状：

$$\chi = \tan^{-1}\left(\frac{b}{a}\right) \tag{2.22}$$

式中，a、b 分别为椭圆的长半轴和短半轴，χ 为椭圆度角，取值范围为[$-\pi/4$，$+\pi/4$]。椭圆度角为零时对应线极化，范围的两端极值对应圆极化，符号表示极化的旋转方向，正号表示左旋转，负号表示右旋转。旋转方向一般以波的传播方向相反的方向为观测基准，即假设是迎着电磁波的传播方向进行观测。

可见，通过改变两列待叠加的线极化波相位差，即可得到任意极化的合成波。如图 2.15，当相位差为 0 或 π 时，得到的极化波表现为不同的线极化波；相位差为 $\pi/2$ 或 $3\pi/2$ 时，将得到圆极化波，但两者具有相反的旋转方向；相位差介于以上特殊情况之间时，将得到椭圆极化波。任何极化都能使用两列正交的线极化波的组合来表示，这也意味着在微波系统不需要发射或探测所有可能的极化波，一般情况下只需使用水平和垂直两种线极化波即可满足需要。

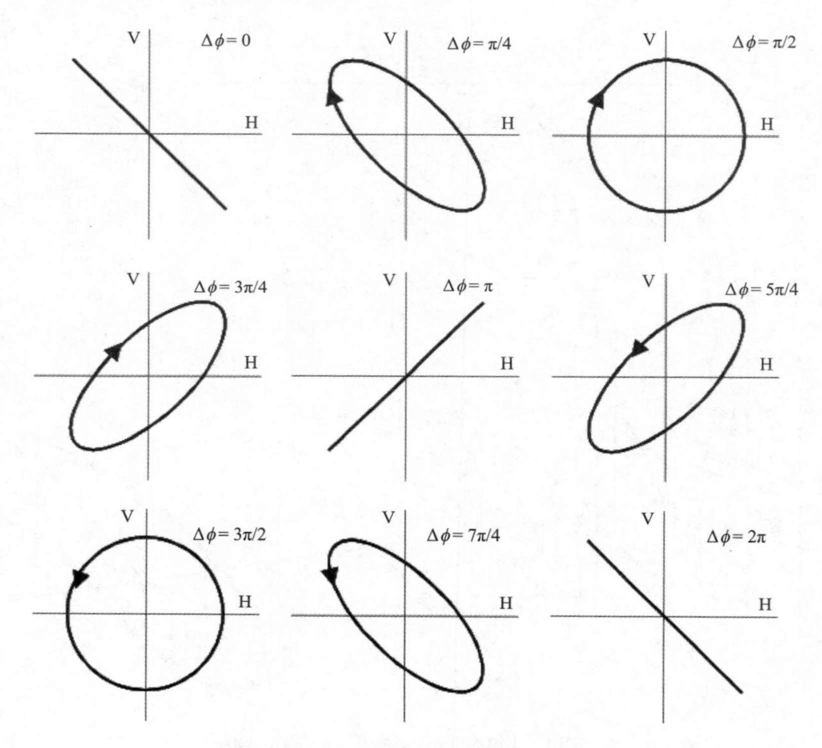

图 2.15　不同相位差对应的极化波(Woodhouse,2014)

对于微波遥感系统来说，雷达发射机通过控制发射的水平极化波和垂直极化波两列波的振幅和相位即可生成任意极化的波，对于接收机探测信号来说，只需要对两种线极化波的相位差和振幅进行测量，即可确定波的完整极化特性。

在一些雷达遥感系统中，发射和接收仅使用一种极化波，如 ERS-SAR 发射和接收垂直极化的波(VV)，JERS-SAR 仅发射和接收水平极化的电磁波(HH)。而极化雷达使用多于一种的极化通道进行遥感探测，如发射机发射单极化的电磁波，但接收机可同时针对两种极化的电磁波进行接收。全极化或“四极化”雷达系统发射和接收都使用 H 和 V 电磁波，如 Envisat-SAR、ALOS-PALSAR、Radarsat-2 等均具备四极化模式。

雷达系统若发射和接收的都是水平极化(或垂直极化)电磁波,则得到同极化 HH(或 VV)图像,若发射和接收的是不同极化的电磁波,则得到的图像为交叉极化(HV 或 VH)图像,这样雷达传感器理论上就可以获得四种不同极化组合的图像。同一地物对不同极化波的反应不同,如光滑表面的地物 VV 回波强度大于 VH。不同地物在某一极化图像中亮度值可能较为接近,而在另一种极化图像中却可能很容易区分(图 2.16)。

图 2.16　不同极化影像
(a)HH;(b)HV;(c)VV

雷达发射机实际工作中都是以脉冲的形式在极短的时间间隔独立发射水平和垂直极化波的(如果是同时发射,那么系统实际上发射的为 $\psi=\pi/4$ 的线极化波),因为间隔时间极短,可以认为两种后向散射的回波是源自同一地物目标。不论是发射和接收,所有可能的极化特性都能在数据获取之后计算确定,这就是成像雷达的极化合成技术。通过该技术,即使在发射和接收过程中仅使用水平和垂直极化波,也能确定所有可能的发射和接收特性时的后向散射。

2.3　微波电磁辐射定律

2.3.1　微波电磁波的产生

电磁辐射是电磁能以波的形式由物体向外发射的过程,能够发射电磁辐射的物体都是电磁辐射源。太阳、地球、月亮及其他星球都在太阳系的环境中，但是这些辐射源之中，太阳是主要的，因为包括地球在内所有行星的辐射能量都与太阳有关。遥感主要收集地表物体反射和发射的电磁能量，借以获得地物的信息。地物反射和发射的电磁辐射都来自太阳辐射能。除了这些天然电磁辐射源，激光器和雷达发射机等都是人工电磁辐射源。所有电磁辐射的产生都是与物质内部微粒的运动分不开的。

物质都是由分子和原子构成的。当没有外界的光和热等作用时，物质内部微粒各种形式的运动处于一种稳定的状态，这些运动主要包括原子内部电子围绕原子核在其固定轨道上的运动、原子核在平衡位置上的振动和分子围绕其质量中心的转动。在稳定运动状态下，这些运动具有一定的能量 E，$E=hf$（h 为普朗克常数，f 为频率），而且不会因为不停地运动而衰减。当物质受到外来刺激，如与其他微粒碰撞或接收到外来能量时，物质内部微粒的运动状态就会发生变化，由低能级的基态跃迁到更高能级的激发状态，电子运动的轨道可能发生变化，原子和分子振动能级和转动能级也发生改变。但是，处于激发态的粒子是十分不稳定的，一般在 10^{-8} s 内就要向基态转化。或者与另一粒子发生碰撞，将能量传递给它，或者跃迁到较低能级，同时释放出多余的能量 ΔE（$\Delta E=hv'$），这时就产生了电磁辐射。不同的 ΔE，发射出去的电磁波频率也就不同，一般在 ΔE 为 $10^{-4}\sim10^{-5}$ eV 时，即产生微波辐射。表 2.1 为不同波长电磁波产生的机理。可见，物质微粒运动状态很微小的变化就能产生微波辐射，相应的微波辐射能量级相比遥感最常用的可见光、热红外等波段要低得多。

表 2.1　不同波长电磁波产生机理

电磁波	波长范围	产生机理	电磁能量(eV)	电磁波特点	主要用途
γ射线	$<10^{-6}$ μm	原子核内部的相互作用	$10^5\sim10^7$	强穿透力，难以观察到波动性	医学
X射线	$10^{-6}\sim10^{-3}$ μm	层内电子的离子化	$10^2\sim10^4$	较强的穿透力，粒子性突出	医学
紫外线	$10^{-3}\sim0.38$ μm	外层电子的离子化	$4\sim10^2$	波粒二象性	光学遥感、红外遥感
可见光	0.38～0.76 μm	外层电子的激发	1～4		
红外线	0.76 μm～1 mm	分子振动，晶体振动	$10^{-5}\sim1$		
微波	1 mm～1 m	分子旋转和反转、电子自转与磁场的相互作用	$10^{-5}\sim10^{-4}$	波动性明显	微波遥感
米波	>1 m	核自转与磁场的相互作用	10^{-7}	波动性明显	通信

注：eV 是用来度量微观粒子能量的单位，表示一个电子通过电势差为 1 V 电场时所获得(或减少)的能量。

微波辐射和红外辐射都是热辐射，只是物质内部的运动状态不同。热辐射是一种重要的电磁辐射，热能的本质是物质微粒的无规则运动的动能，这种无规则运动引起微粒间的碰撞，使得电子的轨道运动、原子或分子的振动和转动发生变化，微粒进入高能运动状态，在其重新转变为低能运动状态的过程中，就发射出电磁波，热能也就因此转化为电磁能。所以，只要温度在绝对零度以上，任何物体都能向外发射电磁辐射，这种因热运动所引起的电磁辐射即为热辐射。

与自然物体辐射电磁波机理类似，人工也可以通过不同形式的能量转换产生电磁波，这些能量的形式包括动能、化学能、热能、电能、磁能或核能等，这些能量导致电荷的运动，即运动形式的变化，进而发射出电磁波。人工产生电磁波最简单的装置是偶极子天线，它通过一个通有交流电的导电棒构成，交流电的来回振荡即可产生电磁波。激光器(Laser, Light Amplification by Stimulated Emission of Radiation)通过激发分子和原子中的电荷来增强某种选择性辐射，这种辐射具有很窄的带宽——高相干性，通过激光器可产生可见光和红外频段中的多种光。产生微波的类似仪器称为脉泽(Maser, Microwave Amplification by Stimulated Emission of Radiation)，该仪器由查尔斯·汤斯(Charles Townes)于 1953 年发明，可激发分子中不同转动能级上的电子。分子中的电子被从一种势位激发到另一种，然后又落回到原始势位时，便会以微波电磁波的形式辐射出激发的能量。

电子管也可以产生微波，它利用高速运动的电子来产生变化的电磁场，之后将电磁场通过中空的金属管(波导)导向发射装置(如天线)。磁控管即为一种常见的电子管，它利用磁场来迫使电子发生转动——电子被加速，结果即产生中微波谱段的电磁辐射。磁控管以其在将电动力转换为微波辐射功率时的高效性而著称，也因此特性，它在雷达装置的发展中具有重要地位。

比微波波长更长的无线电波一般通过组合电路来产生，这些电路由通有周期性电流的电线构成，如通有交流电的家用输电线就可产生电磁辐射。在通信领域如电视和收音机一般使用无线电频段中较高一端的波段。无线电发射器发射的电磁波一般为线极化，如广泛应用于无线电话的天线，其工作原理为偶极子天线，其发射的电磁波是在垂直方向(平行于天线)上极化的。在理想状态下，垂直于发射机方向的偶极子天线将不能接收到任何极化回波。

一般的波源像太阳、电灯等发出的光都是非极化的。由于这些辐射由大量光源分子构成，这些分子就像小的"偶极子"，但其位置和朝向通常是随机的，这使得虽然单个分子能辐射极化的波，但是由于这些波的线极化方向可能是任何方向，总发射辐射便成了可能发生在所有方向上的波的混合体。需要注意，电磁波与极化介质相互作用时，发生反射或透射的过程具有选择性，可能会仅留下具有特定极化方式的波。太阳发射的电磁辐射是非极化的，但天空、海洋、冰雪等反射的日光则是部分极化的。

这也是为什么在驾驶或者滑雪时要使用偏振片太阳镜的原因——来自水平平面的"直射"光主要是水平极化的，偏振片太阳镜能仅让垂直极化方式的光线通过，从而选择性地压制直射光线。

2.3.2　微波电磁辐射定律

所有的物体都能吸收电磁辐射，吸收能力越强，其辐射能力也就越强，其中"黑体"是一种理想的吸收体和发射体，它能吸收全部外来的电磁辐射，而在一切温度条件下发射出最大的电磁辐射。虽然这种物体并不存在，但可由人工方法制造出来，从而进行电磁辐射基本规律的研究。

微波辐射类似于热红外辐射，只是物质内部的运动状态不同，同样地也都适用于黑体辐射的基本定律，即遵循普朗克辐射公式，该公式表示了温度为 T 的黑体在每单位波长范围内在单位立体角内的辐射出射度：

$$M_\lambda(\lambda, T) = \frac{2\pi hc^2}{\lambda^5} \cdot \frac{1}{e^{hc/\lambda kt} - 1} \tag{2.23}$$

如按电磁波频率表示，因频率 $f = c/\lambda, \frac{\mathrm{d}f}{\mathrm{d}\lambda} = \frac{c}{\lambda^2}$，式(2.23)可表示为：

$$M_f(f, T) = \frac{2\pi hf^3}{c^2} \cdot \frac{1}{e^{hf/kt} - 1} \tag{2.24}$$

如果表示为辐射亮度，则可表示：

$$B_\lambda(\lambda, T) = \frac{2hc^2}{\lambda^5} \cdot \frac{1}{e^{hc/\lambda kt} - 1} \tag{2.25}$$

和

$$B_f(f, T) = \frac{2hf^3}{c^2} \cdot \frac{1}{e^{hf/kt} - 1} \tag{2.26}$$

式中，h 为普朗克(Max Plank)常数，$h = 6.63 \times 10^{-34}\,\mathrm{J \cdot s}$；$c$ 为光速，$c = 2.998 \times 10^8\,\mathrm{m \cdot s^{-1}}$；$\lambda$ 为波长，f 为频率；k 为玻尔兹曼(Boltzmann)常数，$k = 1.38 \times 10^{-23}\,\mathrm{J \cdot K^{-1}}$。不同温度($T$)下的黑体辐射曲线如图 2.17 所示，其中温度的单位为 K，绝对零度相对于 -273.16 ℃，单位开氏温度与单位摄氏度的增量相同。

根据普朗克辐射公式，可以化简推导出适用于较长波长的黑体辐射定律，当电磁波波长很长时，有 $\lambda kt \gg hc$，$hc/\lambda kt$ 为极小量，$e^{hc/\lambda kT}$ 可以按指数函数级数展开，即：

$$e^{\frac{hc}{\lambda kt}} = 1 + \frac{hc}{\lambda kt} + \frac{h^2 c^2}{2\lambda^2 k^2 t^2} + \cdots \tag{2.27}$$

式中，等号右第三项及以后均可忽略不计：

$$e^{\frac{hc}{\lambda kt}} \approx 1 + \frac{hc}{\lambda kt} \tag{2.28}$$

代入以辐射亮度表示的普朗克公式，得：

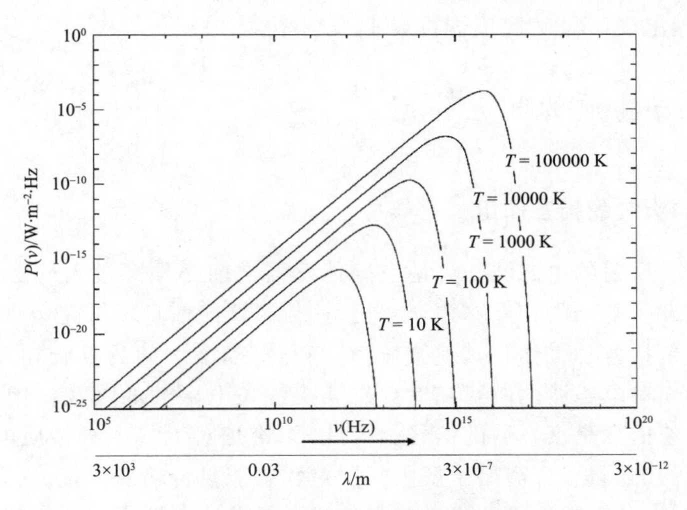

图 2.17　不同温度下黑体辐射曲线

$$B_\lambda(\lambda,T)=\frac{2c}{\lambda^4}kT \tag{2.29}$$

或

$$B_f(f,T)=\left(\frac{2c^2k}{f^2}\right)T \tag{2.30}$$

这就是适用于微波波段的黑体辐射定律——瑞利-金斯辐射定律，瑞利-金斯辐射公式是在波长相当长的情况下适用的公式，它表明在该波长范围内，辐射亮度与绝对温度的一次项成正比。这也是在微波长波波段遥感中有时可以以物体的绝对温度作为热辐射能量度量的原因。

黑体是一种假想模型，自然界的物体并不具备与黑体完全一致的性质，而是更倾向于“灰体”的性质。对于一般物体的辐射，一般用相同温度下的黑体辐射来表示，即基尔霍夫定律(Kirchoff)：

$$M_e=\alpha M_b \tag{2.31}$$

其中，M_e为物体总辐射通量密度；α是其吸收率；M_b是相同温度下黑体的辐射通量密度。根据基尔霍夫定律，良好的吸收体也是良好的发射体，即物体的发射率ε等于其吸收率：

$$\varepsilon=\alpha=\frac{M_e}{M_b} \tag{2.32}$$

可见，对于一般物体的辐射亮度，只要在黑体的相应公式中加入吸收率或发射率系数即可。类似地，我们可以把微波亮度温度和物理温度联系起来：

$$T_B=\varepsilon T \tag{2.33}$$

式中，T 为物理温度，T_B 为亮度温度，ε 是发射率。

2.4　微波与物质的相互作用

2.4.1　微波与大气的相互作用

地物发射或反射的电磁波在到达空间传感器之前必须穿过大气层，因而会与大气层中的物质发生复杂的相互作用，使得到达传感器的信息不再完全是原来的信息。大气层的物质包括各种气体与其他微粒，它们与电磁波之间的复杂相互作用主要是不同大气层界面对电磁波的散射和对具有某一波长电磁波的吸收作用，造成传感器收集到的电磁波信息是衰减后的信号。因此，无论是对大气本身性质的遥感测量还是针对地球表面的测量，都需要了解大气层对辐射能量传输的干扰。

一般来说，大气衰减作用的强度与大气成分及其物理性质有关，还与电磁波波长有关，一般电磁波频率越高（即波长越短），大气衰减作用越显著；相反，频率越低（即波长越长），大气衰减越弱，甚至可忽略不计。大气对微波的衰减作用主要有大气中水分子和氧分子对微波的吸收，大气微粒对微波的散射。

大气气体分子所具有的能量主要有平移动能和与轨道有关的电子能量、振动能量及转动能量。当分子与周围电磁场辐射相互作用时，它们的能级会发生变化，这时会吸收或发射某一频率的电磁辐射能量。当吸收电磁波能量时分子能级会转变到一个较高的能量状态，而能量状态降低时则会释放电磁波。分子能级的转变比电子能级的转变能量低，电子能级的跃迁主要释放可见光和近红外电磁波，微波辐射主要为分子的旋转或振动状态的转变。单个的分子吸收或发射谱线为一些不连续谱线，无数不同频率上的分子吸收或发射谱线形成一条连续的谱线（图 2.18）。大气中对微波的吸收作用主要是水汽、氧分子和臭氧分子，主要表现为不同分子旋转状态之间电偶极子的跃迁（图 2.19、图 2.20）。

综合大气分子对微波的吸收作用，在微波波段透过率较高的大气窗口主要有以下波谱段：2.06～2.22 mm、3.0～3.75 mm、7.5～11.5 mm 和 20 mm 以上的波长。

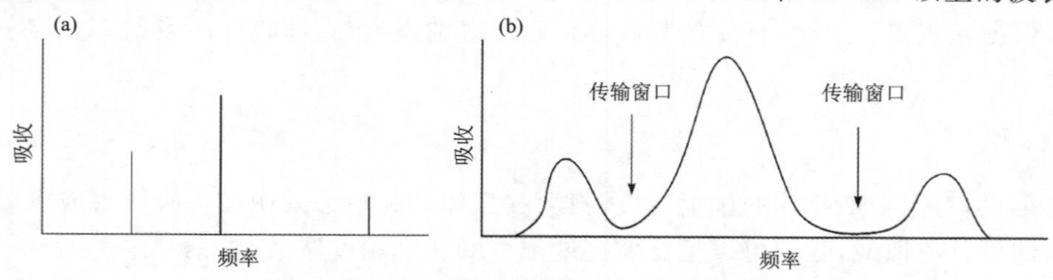

图 2.18　单分子（a）和多分子（b）的吸收谱线

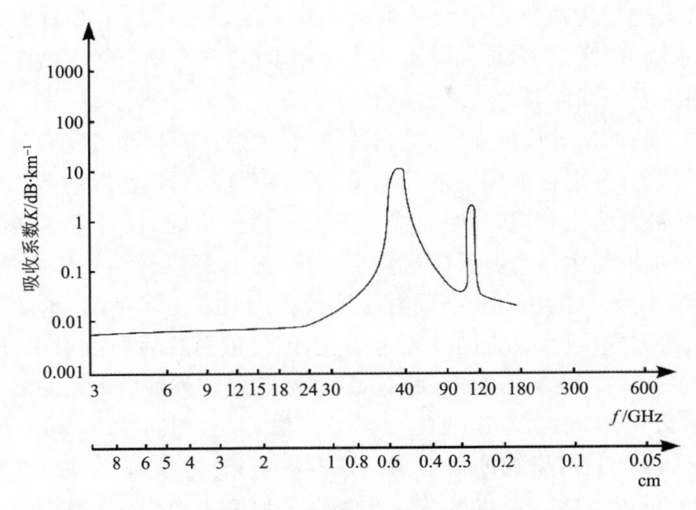

图 2.19　氧分子对不同波长微波的吸收(舒宁,2003)

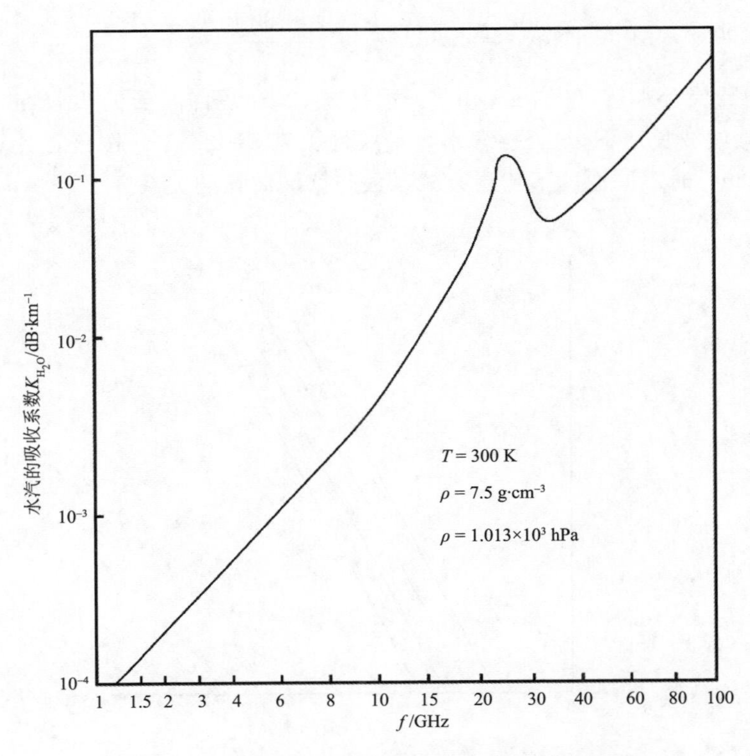

图 2.20　水汽对不同波长微波的吸收(舒宁,2003)

电磁波在大气层传播过程中会受到微小粒子的影响而发生散射。大气微粒可分为三大类，即水滴（包括云雾、霾和降水）、冰粒和尘埃，它们的散射因微粒粒径大小和电磁波长的相对关系不同而异。当微粒直径比电磁波波长小得多时发生瑞利散射，其散射截面积与波长的四次方成反比，即电磁波越短，散射越强。当微粒直径远大于波长时发生无选择性散射，散射截面积与波长无关，即在符合无选择性散射条件的电磁波波段中，任何波长的散射强度相同，如可见光波段在通过云雾时，云雾中水滴粒子直径远大于波长，因而对可见光中各个波长的光散射强度相同，所以云雾呈现白色，即所有可见光颜色的合成。当大气微粒直径与辐射的波长相当时发生米散射，米散射的散射截面积与波长的二次方成反比，且方向性较为明显，前向散射比后向散射更强，如云雾的粒子大小与红外线（0.76～15 μm）波长接近，所以云雾对红外线的散射主要为米散射。

在非降水云层中，由水粒组成的云粒子一般直径不超过 100 μm，比微波波长要小一两个量级，因此其对微波的散射满足瑞利散射条件，但是这时散射作用比吸收作用小得多，一般可以忽略。所以微波在非降水云层中主要由水粒的吸收引起衰减，其衰减系数 K_c（单位：dB · km^{-1}）的计算公式为：

$$K_c = 4.35M \frac{10^{[0.0122\times(291-T)-1]}}{\lambda^2} \tag{2.34}$$

式中，M 为云层含水量，单位 g · m^{-3}。根据式（2.34）可知，云的吸收在一定的温度和一定的微波波长之下，与云层含水量呈线性关系，图 2.21 是按该式计算出的含水量在 1 g · m^{-3}时不同温度下云层衰减系数与微波波长的关系。

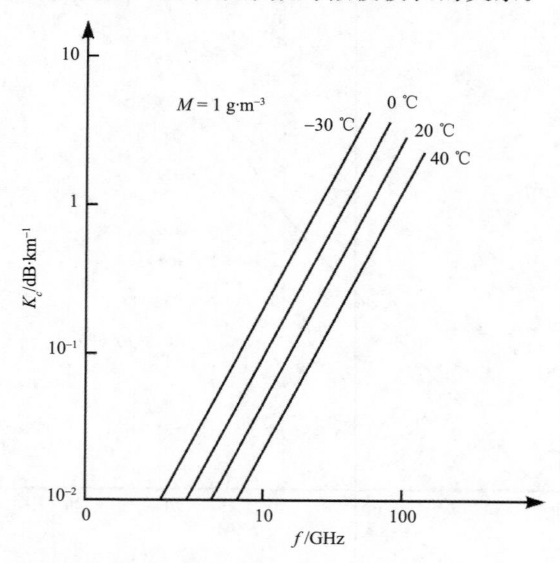

图 2.21　水云的衰减系数与波长关系

降水云层中的粒子主要有雨滴、冰粒、雪花和干湿冰雹等，其直径均大于 100 μm，有的可以达到几毫米（如雨滴）、几厘米（如冰雹），它们对微波的散射主要为米散射。1970 年，Setzer 得出雨的衰减系数 K_{er} 与降雨率 R_r 的关系曲线，如图 2.22 所示。

1971 年，Paris 对雨的微波吸收和散射进行了比较系统的研究。研究表明，当微波频率小于 10.69 GHz（波长约 2.81 cm）时，水滴的散射衰减作用已经逐渐小于吸收；当微波频率为 4.805 GHz（波长约 6.3 cm）时，散射作用只有吸收的 1/10；而当频率大于 10.69 GHz 时，水滴的散射作用则不能忽略。但只要不是暴雨或大雨，雨滴直径不超过 2.5 mm，在微波频率不大于 19.35 GHz 时，雨滴的散射作用比吸收要小约 10 倍，仍可以忽略不计。

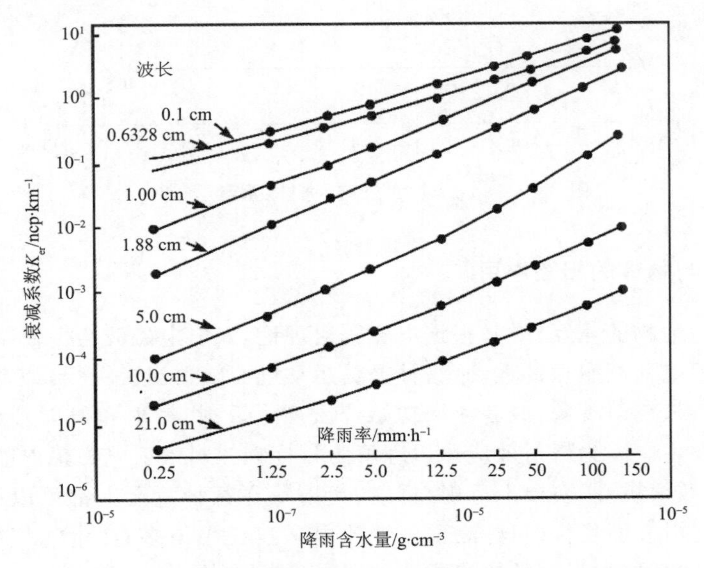

图 2.22　降雨含水量同降雨率与衰减系数的关系（Setzer，1970）

云层对微波在大气中的传播除吸收和散射效应外，云层本身也会发射微波辐射而呈现亮度温度，从而作为随机干扰噪声叠加在目标亮度温度上，对微波辐射亮度测量产生影响，电磁波频率越高，随机噪声愈严重。因此，当微波传感器工作频率较高而目标发射率较低时，这种云层干扰噪声影响就不可忽略；反之，当以云层为遥感探测目标时，云层的亮度温度就成为有效的信息源，在遥感探测时应尽可能利用高频电磁波。

可见，在微波遥感波段内，微波探测波长越短，大气对微波辐射能量传输的衰减作用越强，大气粒子与雨滴的吸收和散射作用也从极轻微到显著，图 2.23 显示了微波在大气层传播中的衰减状况。在对地面观测过程中利用较长波长的微波，云、雨的影响可以降至最低，这是微波遥感相对其他遥感手段的优势。此外，利用波长较短的微波可以实现对云层的观测，以获得云层分布及含水量的参数，以及其他大气参数的探测。

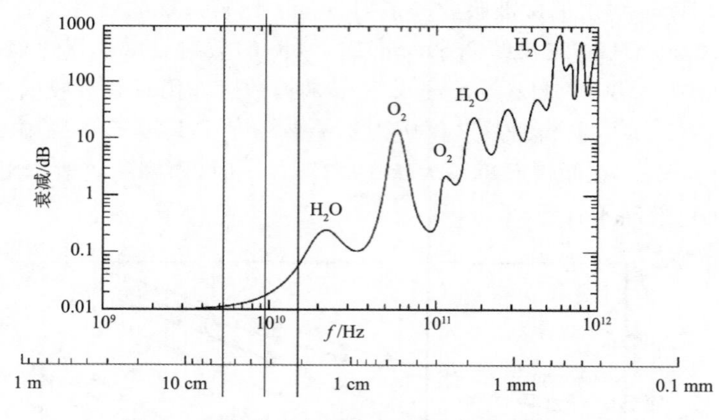

图 2.23　微波对大气的穿透性(童玲 等，2014)

2.4.2　微波与物体的相互作用

电磁波与地物的相互作用，根据电磁辐射理论，入射电磁波会促使物体表面的自由电荷和束缚电荷产生振荡运动，这种振荡运动进而辐射出次级场，或者深入到第二介质，产生透射、绕射现象，或者返回初始介质产生反射、散射和发射现象，或者这几种情况同时发生。因为散射效应可以理解为目标物体对入射电磁辐射能量传播方向的改变，根据散射机理，实质上反射、折射、衍射等在某种意义上都可以认为是散射，如反射是由光滑表面目标(目标表面特性比电磁波长小得多)产生的规律性散射，而折射是在离散边界(如规则的边缘或孔径)的规律性散射。

物体的散射强度可以用散射截面(σ)来度量，散射能量在不同方向上一般会存在差异(相等时称为各向同性)，物体在某一方向的散射截面定义为：

$$\sigma(\theta)=\frac{\theta\text{方向每单位立体角散射功率}}{\text{入射平面波散射强度}/4\pi} \tag{2.35}$$

式中，Ω 是立体角，单位为 $\mathrm{W}\cdot\Omega^{-1}$；$4\pi$ 是平面波总立体角的归一化因子；散射截面 $\sigma(\theta)$ 单位为 m^2，但不等于目标的物理面积，仅对一个标准各向同性的物体来说是相等的。

物体的总散射截面为总散射功率(单位：W)与入射平面波散射强度(单位：$\mathrm{W}\cdot\mathrm{m}^{-2}$)的比值，总散射功率为目标物体周围各个方向的积分，因此：

$$\sigma_T=\frac{\text{总散射功率}}{\text{入射平面波散射强度}} \tag{2.36}$$

对于一个理想散射体，即所有的入射能量都被散射出去，物体的总散射截面即为物体实际截面。而自然界物体可能会吸收部分入射能量，因此总散射截面一般小于实际截面。此外，散射辐射具有方向性，一般将顺着入射方向的散射分量称为前向散射，逆着入射方向的散射分量称为后向散射。

在微波雷达遥感中，通常只关注后向散射，这部分散射截面称为后向散射截面或雷达截面(RCS, Radar Cross Section)。在距离 R 处返回雷达系统的目标散射回波，即雷达(后向散射)截面(单位：m^2)定义为：

$$\sigma = \frac{I_{接收}}{I_{入射}} \cdot 4\pi R^2 \tag{2.37}$$

式中，$I_{接收}$ 为雷达接收机接收的物体后向散射能量，R 为目标物体与雷达接收机距离，即传输距离。后向散射截面 σ 的大小取决于目标物体的性质如粗糙度、介电常数、朝向、形状等，也会随着雷达发射波的频率、极化和观测角度而变化。目标物实际面积小、吸收雷达波、透明物体或散射回波集中在偏离接收天线的其他方向，都会导致物体的后向散射截面 σ 较低。而当发生谐振效应，如离散散射体的米散射或表面布拉格散射时，物体会产生很大的散射截面，可能导致朝向雷达天线方向的散射能量比各向同性情况下的散射能量大得多，甚至后向散射截面 σ 比目标物体实际面积大的情况。

在微波雷达遥感中，对于单个的离散目标物，只要目标物位于测量范围内，测量面积的大小改变对后向散射截面 σ 没有影响，后向散射回波的能量保持不变；而对于分布型目标，比如森林，增加测量面积则会同比例地增加总的后向散射能量，因此后向散射截面 σ 也会相应增大。因此对于分布型目标，雷达测量单元(地面分辨率)的改变，会导致不同的仪器测量结果的差异，造成不同遥感系统测量结果难以直接对比。因此，需要一个不依赖于地面分辨单元或像素大小的归一化度量，将雷达测量的后向散射截面和目标的几何面积联系起来，这就是后向散射系数：

$$\sigma^0 = \sigma / A \tag{2.38}$$

式中，σ^0 为后向散射系数，又称为微分雷达散射截面或归一化雷达散射截面；σ 为后向散射截面；A 为目标物体几何面积。后向散射系数是一个无量纲量，为一个单位面积的雷达散射截面，它是地物目标后向散射特性的度量，与特定的测量仪器无关。如果地表为平坦地面，根据成像雷达直接测量获得的“雷达亮度值”β^0 和雷达波入射角计算目标后向散射系数：

$$\sigma^0 = \beta^0 / \sin\theta_i \tag{2.39}$$

式中，θ_i 为本地入射角。在地形起伏区域，需要根据本地地形数据——数字地形模型(DEM)计算平均地面斜率进行修正，以得到真实的 σ^0。

当地物目标表面是光滑时，入射电磁波发生反射。如前文所述，反射实质上是在光滑边界的相干散射。光滑表面结构比波长小得多，可以看成是由无数多个很小的次级源构成。根据惠更斯原理，当平面波和一个表面相互作用时，每个源对入射能量和入射波的相位进行散射，在理想的光滑表面，这些次级源为整齐排列的一条直线，于是在镜面反射的方向上就会呈现一个明确的波峰(图 2.24)。

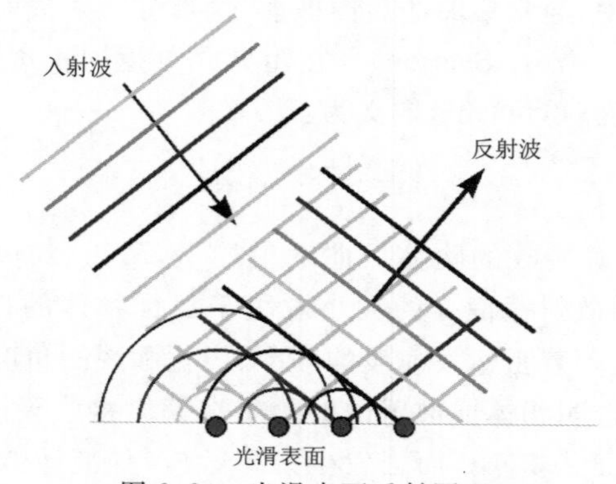

图 2.24　光滑表面反射原理

电磁波在介质中传播的速度与介质的折射率成反比，即折射率越高，电磁波传播速度相对越慢。如图 2.25，当电磁波在两个介质的理想光滑界面上发生散射时，部分波被散射，还有部分波进入介质 2，其中上层介质 1 的折射率小于介质 2 折射率($n_1 < n_2$)。因为是理想的光滑界面，界面上每一对相邻的次级散射元再次散射一个回波，其相位差和下一对散射元完全相同，而相位差随入射角变化，结果是在所有的散射元中间只有一个方向的回波是叠加的，其他方向均互相抵消，该叠加方向即为反射的方向，且 $\theta_i = \theta_r$，这种规则散射是电磁波与理想光滑表面作用的直接结果，即为反射。

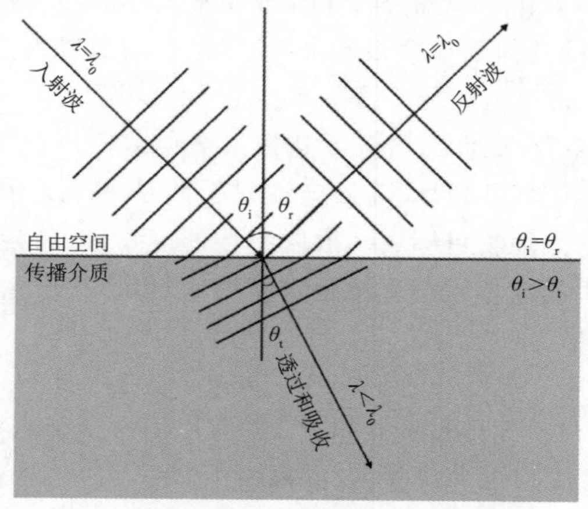

图 2.25　电磁波在光滑界面上的反射与折射

还有部分电磁波继续向前传输进入介质 2，若波以某一入射角到达界面，进入介质 2 的波的速度会降低，导致波的传输方向发生改变，当介质 2 的折射率较高时转向法线方向，较低时则远离法线，这种现象称为折射。折射的程度由两个介质折射率比值决定，这就是斯涅耳定律：

$$\frac{\sin\theta_i}{\sin\theta_t}=\frac{v_1}{v_2}=\frac{n_1}{n_2} \tag{2.40}$$

式中，θ_t 为折射角，n_1、n_2 分别为介质 1、介质 2 的折射率。

界面的粗糙度可以用散射源的均方根高度来度量，介质界面的均方根高度指组成界面的散射源高度与界面平均高度的标准差，具体散射场取决于界面粗糙度和入射波长的相对大小。当界面为光滑表面时，发生镜面反射，这时相干表面散射占主导地位。自然界中平静的水面、水泥路面、机场等都属于光滑表面。随着界面粗糙度的增加，非相干散射的部分逐渐增强，表面越粗糙，非相干散射所占比例越大，这种“杂乱”的反射称为漫散射。多数自然表面既有相干散射的回波，也在其他方向上呈现非相干的回波，在绝对粗糙的表面，散射场为绝对的漫散射，且与入射角无关（图 2.26）。此外，非相干散射对极化特性也不敏感，因此表面越粗糙，散射波的水平和垂直极化之间的差别越小。

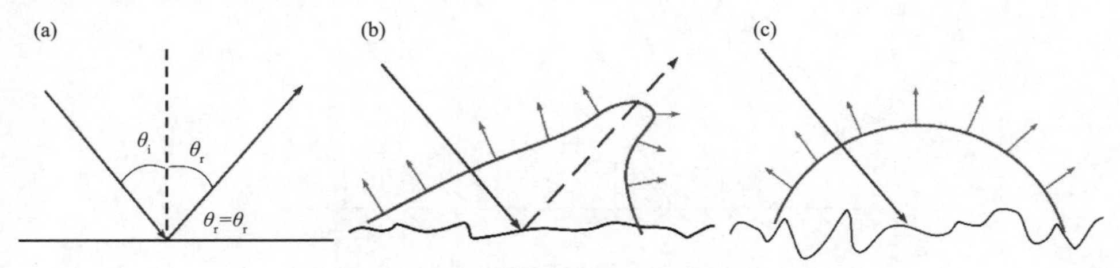

图 2.26　不同粗糙度表面的散射

(a)完全光滑表面；(b)较粗糙表面；(c)十分粗糙表面(舒宁，2003)

还有一类特殊的粗糙表面，其粗糙度表现为一种规则和周期的形式，而在小范围内表现为光滑表面。如海洋的表面，由于风生波和重力波的影响，在小范围内其波长为厘米和毫米级，这种特点的表面称为布拉格表面（Bragg Surface）。与随机粗糙表面和集中在一个方向的镜面反射不同，布拉格表面是规则的，因此在特定的角度散射会呈现一定的规律，虽然是相干散射机制，但它是散射到不同的方向上。这种有序的特性使得合成的散射在某些方向是相长的，在其他方向是相消的。从雷达测量角度看，即会在特定的观测方向上呈现强回波，根据该原理，可以利用风散射计测量海洋风生波的大小。

当电磁波透过介质表面到达物体内部时，还可能会在介质的内部发生体散射。体散射是由介质内部组成物质的非连续特性和介质密度的不均匀性而产生的各向同性散射。与连续介质不同,体散射由随机分布、散射截面较大的离散散射元组成。由水滴组成的水云是典型的三维分布的离散目标的集合,是标准的体散射。此外,雪、冰、土壤和植被在一定条件下也可视为体散射(图 2.27)。体散射组成介质的随机非连续性,导致不论是单个体散射还是它们之间的相互关系,都不会出现相干散射。介质内部每个单独的散射元可能会有一个方向性的散射,但因为散射元总体上呈随机分布,合成的散射电磁波能量没有特定的方向。

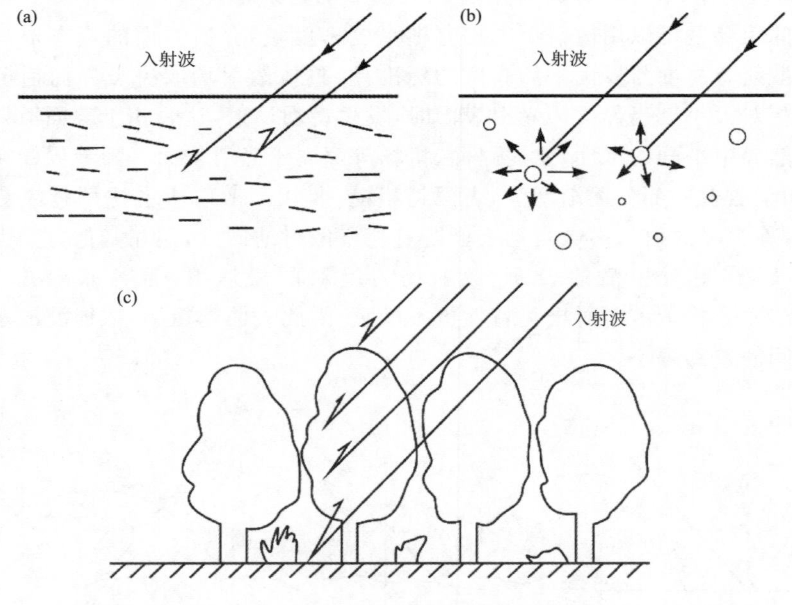

图 2.27　不同物体的体散射

(a)均匀介质;(b)多个散射体分布介质;(c)植被介质(赵英时,2003)

体散射的强度与介质体内的不连续性和介质密度的不均匀性相关。散射角度特性取决于介质表面的粗糙度、介质的平均介电常数及介质内的不连续性与波长的关系。对于树木,雷达接收的信号包括树冠的面散射,树叶、树枝、树干的多次体散射,以及树下地面的表面散射。对于复杂地表植被,其散射特征相当复杂,可以看作是多层次、多成分散射介质及多次散射的结果。

2.5　微波电磁波谱

微波频段(0.3～300 GHz)为无线电波的一部分,无线电波频率范围为 1.0 kHz～1000 GHz,按照国际电信联盟(International Telecommunication Union,ITU)的规

定又细分为不同的频段，如图 2.28 所示，微波频段位于无线电波中的特高频、超高频和极高频部分。雷达的工作频率可以从几兆赫到紫外线，而多数雷达主要集中在微波频段。最初的雷达频段代码(如 P、L、S、C、X 和 K)是在第二次世界大战期间命名的，出于信息安全方面的考虑，当时工程师使用了没有规律的字母集合来命名波段，以便在命名里不必出现确切频率而达到迷惑的目的，尽管后来不再需要信息保密，但这些代码仍沿用至今。表 2.2 为雷达具体频段划分，其中标准雷达频段范围为雷达领域通用的频段标识，而国际电信联盟(ITU)使用的实际频率是这些类别中的较小部分(根据 IEEE 1984 标准)，这些频段都有自身特有的性质，相比其他波段更适合某些特定应用。

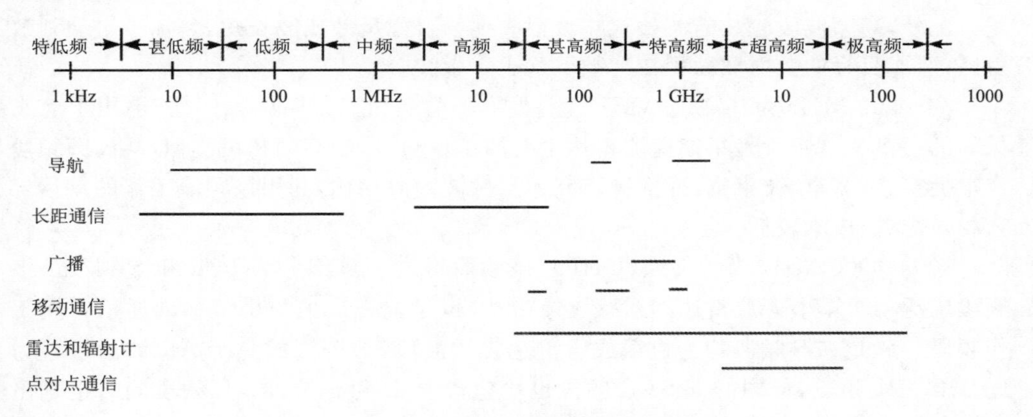

图 2.28　无线电波频率划分及应用

表 2.2　雷达具体频段划分

波段名称	标准雷达频段范围	ITU 规定的频段范围
HF	3～30 MHz	
VHF	30～300 MHz	138～144 MHz，216～225 MHz
P	300～1000 MHz	420～450 MHz，890～942 MHz
L	1～2 GHz	1.125～1.4 GHz
S	2～4 GHz	2.3～2.5 GHz，2.7～3.7 GHz
C	4～8 GHz	5.25～5.925 GHz
X	8～12 GHz	8.5～10.68 GHz
Ku	12～18 GHz	13.4～14.0 GHz，15.7～17.7 GHz
K	18～27 GHz	24.05～24.25 GHz
Ka	27～40 GHz	33.4～36.0 GHz
V	40～75 GHz	59～64 GHz
W	75～110 GHz	76～81 GHz，92～100 GHz
mm	110～300 GHz	126～142 GHz，144～149 GHz 231～235 GHz，238～248 GHz

在无线电频率范围内，1～3 kHz 为特低频(SLF)。3～30 kHz 为甚低频(VLF)，该频段主要用于海底通信和欧米伽导航系统(Omega Navigation System)。30～300 kHz 为低频(LF)适用于某些通信和罗兰 C(Loran C)定位系统。300～3000 kHz 为中频(MF)波段，该波段包括了 500～1500 kHz 的标准广播频段，低于 500 kHz 的频段部分用于某些海洋通信，高于 1500 kHz 的部分波段也用于通信领域。

3～30 MHz 的高频(HF)段主要用于远程通信和远距离短波广播。虽然英国在第二次世界大战前夕安装的第一部作战雷达工作频率位于该波段，但在雷达应用中该频段存在诸多限制因素。在高频段，窄波束宽度需采用大型天线，外界自然噪声大，可用的带宽窄，加上民用设备在该频段的广泛应用，进一步限制了雷达的可用带宽。此外，高频波段较长的波长意味着很多地物目标尺寸比波长短，目标位于瑞利散射区，造成目标的散射截面积在高频下远小于微波。

30～300 MHz 为甚高频(VHF)，主要用于电视和视距内调频广播，也用于与飞机等的通讯。该频段是早期探测雷达主要的工作频段，和高频频段类似，甚高频频段也很拥挤，带宽窄、波束宽，外部噪声高。与微波频段相比，利用该频段工作的雷达工艺相对简单、成本较低。

300～3000 MHz 为特高频(UHF)，该频段可进一步细分为 P、L 和 S 频段。该频段广泛用于军事警戒雷达和遥感成像雷达，也是电视广播与手机移动通信常用工作频段。P、L 和 S 频段均为机载成像雷达常用波段，如美国的 AirSAR 波段设置为 P、L、C 三个频段，德国的 E-SAR 频段也均包含 P、L 和 S 波段。L 频段同时也是星载地球陆地资源遥感常用频段，如美国 Seasat、日本 JERS-1 和 ALOS/PalSAR 等星载 SAR 频段均为 L 频段。此外，利用 1.4 GHz(L 频段)的星载微波辐射计可以进行土壤湿度和海洋盐度的测量(Soil Moisture and Ocean Salinity, SMOS 卫星计划)。

3～30 GHz 为无线电波的超高频(SHF)，该频段大部分均可用于军用雷达和微波遥感系统，主要包括 C、X、Ku 和 K 频段，其中 X 频段是军用武器控制(火控)雷达和民用雷达的常用频段，C 频段是相控阵雷达和中程气象雷达常用频段。此外，该频段也是卫星通信主要应用频段。在微波遥感系统方面，C 频段是陆地观测成像雷达的常用频段，如我国的高分三号 SAR、欧洲航天局的 ERS、ENVISAT、Sentinel 等都为 C 频段合成孔径雷达；微波散射计和雷达高度计多工作在 10～20 GHz 频段，如 ERS 卫星搭载的雷达高度计(RA)工作频率为 13.9 GHz(Ku 频段)，SeaWinds 卫星搭载的 QuickSCAT 风散射计为 14 GHz(Ku 频段)，“热带降雨计划”(TRMM)星载降雨雷达散射计工作在两个频率，分别略高和略低于 13.8 GHz。在该频段的 22 GHz(K 频段)为水蒸气的吸收带，因此利用该频段电磁波可进行大气辐射观测，用于测量大气湿度状况。

30～300 GHz 的极高频(EHF)段大部分频率利用得较少，因为随着波长降低到毫米波范围,大气吸收和散射效应会逐渐增强,大部分不利于对地观测。其中 Ka 频段(30～40 GHz)部分是相对较为常用频段。此外,在 35 GHz、90 GHz、135 GHz 的频段为大气窗口区,可用于观测地表特征,是微波辐射计常用的工作频段,如根据微波辐射计测量的亮温信息,获取南北两极冰山的范围,确定冰山的类型及获取积雪分布、土壤湿度等的信息。50 GHz 到 60 GHz 的多频率辐射计用于观测大气温度的剖面分布,射电天文学运用的频率位于 31.4 GHz、37 GHz 和 89 GHz,同时这些频率也可以用于遥感辐射计,某些军用成像雷达也利用 95 GHz 附近频段。

第3章 微波遥感系统

3.1 微波遥感系统概述

微波遥感系统的首要作用是检测和量化到达检波器的电磁辐射能量,这些电磁辐射能量一般为预先设定频段的辐射能量均值,有的微波遥感系统同时也能测量电磁波辐射特性的其他参数,如对电磁波极化和相位的测量。微波遥感系统一般包括三个基本组成部分:天线、接收机和数据处理系统,天线主要用于获取来自窄视角范围内的辐射,接收机则负责检测和放大所接收的特定频率范围内的电磁辐射能量,数据处理系统实现能量的量化、格式化、定标及其他如仪器的方位或指向等辅助数据的记录。对于主动方式工作的微波遥感系统(雷达),还需要发射机,用于实现窄波束脉冲信号的生成和发射。

光学遥感系统类似于人类的视觉过程,如摄影相机的工作原理本质上与人眼的成像相似,而微波传感器工作原理不同于相机,它与人耳的听觉系统更为类似,尤其对于主动方式的成像雷达探测来说尤为如此。图 3.1 为典型的微波辐射计系统组成,在该系统中天线负责接收信号,相当于人的外耳,混频器和中频放大器的作用为信号波形变换和放大,相当于人的中耳部分,信号处理器和探测器则相当于人耳的耳蜗和耳螺旋器,属于内耳部分。

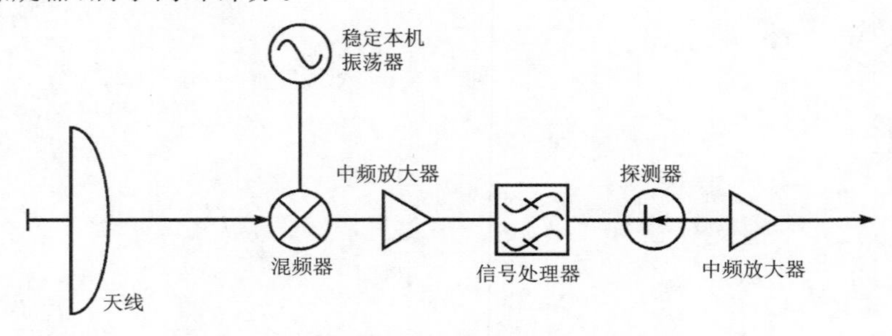

图 3.1 微波辐射计系统基本结构

从机理上讲，人类视觉与听觉感知系统主要有两点不同之处：①视觉系统对测量能量随方向或视角的变化更为敏感。这也是微波与光学遥感系统的重要区别，即光学遥感比微波遥感天线的指向性更强，微波遥感系统可接收相对较宽方向范围的能量；②声波是一种具有相干性的波现象，除能量外其振幅和相位信息也很重要，这也是微波遥感与光学遥感的主要区别。因此，基于与听觉过程的类比，有助于我们更容易理解微波遥感系统的工作机理。

在微波传感器系统中，天线是系统的接收设备，理论上任何形式的天线都是接收设备，但简易的天线（如偶极子天线）接收到的信号覆盖了很宽的频率范围，且大部分由噪声组成，不具有实用意义。接收机是负责对天线接收到的回波信号进行放大、变换和处理的设备，在微波传感器系统中，接收机需要测量窄带宽内的能量，且需要具备能有效降低噪声影响的功能，从而可准确获取天线接收到的辐射能量。在相干系统中，接收机还需要具备测量回波相位的能力。

接收机接收到的微波频段信号一般很难直接处理，在常用的超外差接收机系统中一般将接收的信号（射频信号，Radio Frequency，RF）转换为较低频（中频 MF 或 IF）信号，然后再对信号进行放大、滤波和探测。接收机利用混频器将 RF 信号与由本地振荡器（Local Oscillator，LO）产生的恒频信号组合，叠加的波的高频部分等于两列原始信号频率的平均值，低频部分等价于两列原始信号频差的一半。因此，我们可以通过控制 LO 的频率来得到适当的低频信号。

信号进行低频变频后，再经放大和滤波后，被电子组件（如二极管）检测并输出，从而将微波能量转换为电信号，这就是微波传感器系统的检波器。最常用的检波器为平方律检波器，它能得到与波的功率成正比的电压输出，即当波自身的瞬时电压本身为 $E(t)$（振幅）时，输出电压值与 $E^2(t)$ 成正比。

数据处理系统实现信号的数字化、格式化、定标及传感器方位或指向等辅助数据的记录，对于成像雷达等具有大数据量的复杂遥感系统，需要通过位于地面相对独立的数据处理系统来实现大数据量的处理。

全功率辐射计仅测量入射到天线的总辐射能量，有时在观测中还需要既能测量辐射能量又可以测量相位的系统，这就是相干测量系统。相干测量系统是现代成像雷达系统的基础，系统通过两次功率测量实现相位测量，即当信号与某种参考信号以混频器混合后，进行一次功率测量，然后将同样的信号与第一次信号间存在 $\pi/2$（90°）相位差的另一种参考信号混合后，再进行一次测量。

具体过程首先将入射信号传输到低噪声放大器，与参考频率的信号混合并进行测量，该过程中，通过稳定本振（Stable Local Oscillator，SLO）完成相位的控制，将信号降频为中频（IF）信号；然后再将信号通过另一个振荡器混频降至某种载频，此时将信号与两个相位差相差 $\pi/2$ 的信号混合，转换为同相（In-phase，I，波的实部）和正交(Quadrature, Q, 波的虚部)分量,从而将输入信号有效地由正弦波形式转换为复数形式。例如,接收信号可表示为:

$$s(t) = A\cos(\varphi T + \omega t) \tag{3.1}$$

这是信号的同相部分,记作 $s_I(t)$。该信号的正交分量通过对 $s(t)$ 进行 $\pi/2$ 的相移获得,即:

$$s_Q(t) = A\cos\left(\varphi T + \omega t + \frac{\pi}{2}\right) \tag{3.2}$$

信号的复形式,即为:

$$\begin{aligned} s(t) &= s_I(t) + is_Q(t) \\ &= A[\cos(\varphi T + \omega t) + i\sin(\varphi T + \omega t)] \\ &= A\exp[i(\varphi T + \omega t)] \end{aligned} \tag{3.3}$$

I 和 Q 通道的信息组成了相干系统的原始数据,这样就使得振幅和相位信息均可同时记录下来。

相对微波辐射计,主动微波遥感系统还需要发射微波信号的信号发射系统,雷达通常情况下使用一套天线系统,通过双工器转换开关控制天线的接收或发射状态(图 3.2)。主动雷达系统通常会进行相干处理,稳定本机振荡器用于确保由脉冲调节器生成的每个发射脉冲具有严格一致的相位,之后利用发射机对脉冲进行高功率放大。

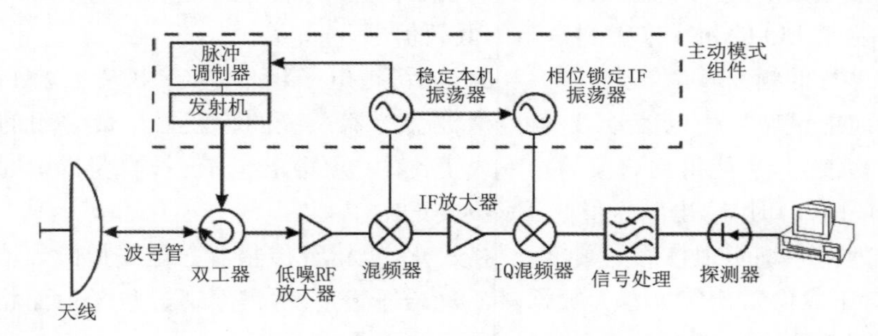

图 3.2 主动微波遥感系统基本构成

3.2 天线系统

3.2.1 天线概念

天线在微波遥感系统中相当于人耳的耳廓(外耳)部分,同样都是接收能量并进行一定程度的定向。在雷达系统中,天线将发射机产生的电磁波发射出去,接收地物散射回来的电磁波,并传送至接收机。天线的作用实质是实现电磁波在自由空际传播和导线(传输线)传播之间联系的设备,有时雷达系统会同时安置两个天线分别作为发射天线和接收天线,但通常情况下雷达系统用同一天线实现窄波束电磁波信号的发射和回波的接收两种功能。同一天线用作发射或接收信号时,其方向性系数、输入(输出)阻抗、效率等性能对应相同,这称为天线互易性原理。利用互易性原理,可直接从天线在发射(或接收)状态下的参数得到其在接收(或发射)状态下的参数。一般在发射状态下计算参数较为方便,而在接收状态下测量参数更容易。

3.2.2　天线的分类

(1)抛物面天线

抛物面天线是一种反射装置,工作原理类似于反射望远镜或光学扫描仪的主镜系统,它将来自特定方向的入射能量聚焦到检波器上(或将信号传输到检波器的波导中)。反射器是一个弧形的面,由对特定频段的波具有高反射率的材料制成,在波长较短情况下,一般采用金属块天线;而在较长波长时,一般使用金属丝网(空隙比波长小得多)做成天线。反射天线类似于听觉系统中的外耳廓,耳廓的各种褶皱、凹陷和凸起导致与方向相关的频率响应,大脑据此可以判断声源的方位。这种功能在某些动物如蝙蝠、猫的身上尤为明显,它们的耳朵会自觉地"旋转"指向目标声源,人类在试图听清某一微弱声音时也会做出侧耳、伸头等的旋转动作,以便能将开阔的中耳指向声源。

图 3.3 中所示为常用的反射天线的工作原理图示,图 3.3a 为前馈式抛物面天线,将回波聚焦到抛物面的主焦点上,主要缺点是探测器会产生回波遮挡。改进的方法如图 3.3b 所示,可以将焦点偏置,避免置于焦点的探测器对反射/接收波的遮挡。图 3.3c 卡塞格伦天线结构则是另外一种不同的方法,它使用一个较小的副反射器来代替放置在回波传输路径中主焦点的探测器,并使用该反射器将回波聚焦到主天线后方。这样能在对回波没有太多干扰的情况下在聚焦处放置大的探测器。图 3.3d 牛顿式天线与卡塞格伦天线结构类似,不同的是副反射器将入射波聚焦到天线一侧的位置,该结构的优点是当天线需要进行机械转动时,可将副反射器置于旋转轴上,这样在天线运动时也能将探测器固定安置。

(2)偶极子天线

简易的偶极子天线(Dipole Antenna)是微波发射和接收装置最基本的组成部分,它由一个通有交流电的导电棒构成。当电流沿电线前后流动时,就能得到与振荡频率成比例的电磁波。在出现振荡最大值时,线的一端是正的,另一端是负的,所以叫做偶极子。偶极子天线的工作波长 λ 与天线尺度 L 线性相关,以最简单的 1/2 波长偶极子天线为例(图 3.4),它由两根 1/4 波长单极子天线(Monopole Antenna)组成,其长度是工作波长 λ 的一半,如对于工作在 900 MHz 的射频天线,其长度估算为

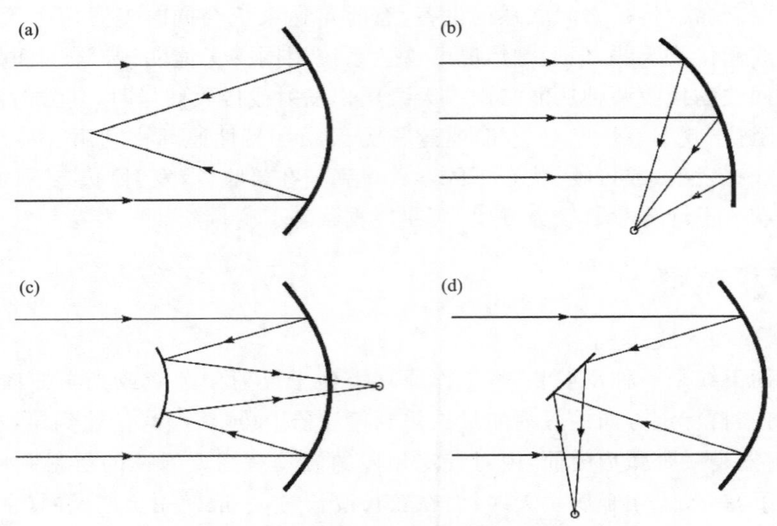

图 3.3　微波遥感系统中主要使用的反射天线

(a)主焦点系统;(b)偏焦点系统;(c)卡塞格伦结构;(d)牛顿结构

$L=\lambda/2=0.167$ m。当用作发射机时,让振荡电流流经偶极子天线,便能生成电磁波;同样地,天线同样可作为接收机,当接收到电磁波时,它将生成振荡电流。

对于单个偶极子天线而言,它能在垂直于偶极子长轴的平面内所有方向上以最大值发射和接收电磁波,几乎不存在方向性,电流也仅沿着偶极子的长轴振荡。因而,在遥感应用中,仅使用单个偶极子是不够的,我们需要发射电磁波和接收电磁波具有一定的指向性,这就需要通过将一组偶极子以某种方式组合为阵列来实现,通过将一定数量紧密排列为一列的波源相干叠加,就可以得到在某个特定方向上很强的信号峰值,最初的雷达系统如英国的"本土链"系统和早期的射电望远镜都是由"阵列天线"方式实现的。

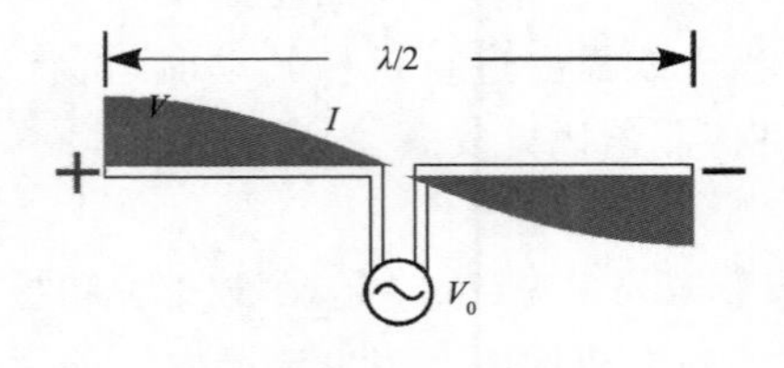

图 3.4　偶极子天线

(3)阵列天线

阵列天线由一组固定在一个平板上的微波发射机(或接收机)组成,阵元排列结构可以分为线阵、面阵、圆形阵和共面阵等形式(图 3.5),按性能可以分为一般阵列、自适应阵列、相控阵和信号处理阵列。在典型"相控阵"雷达天线中,天线发射机由一系列电子元件组成,它们都能传输特定频率的微波,这些微波都具有准确设定的相位。在雷达应用中,相控阵天线重要的特性是它具有能通过将每个独立的发射机对相位(和振幅)进行特别设置以获取具有不同峰值方向的天线灵敏度图,即实现天线辐射方向图的电扫描(Electronic Scanning)或定向扫描(Steering),改进了之前的机械扫描式雷达,从而能够实现大空域内的波束扫描,可对观察范围内的目标进行准确跟踪、识别,并且能同时跟踪多个目标的动态,反馈信息,进行计算机的分析。

图 3.5　相控阵雷达天线

(a)"铺路爪"相控阵雷达;(b)战斗机相控阵雷达

3.2.3　天线的性质

在微波遥感系统中,天线的作用是获取其接收到的、来自观测目标的电磁波回波能量及能量随角度的分布,同时在主动微波遥感系统中还需要发射定向电磁波波束。天线发射到特定方向的电磁波(或进入系统)的总能量由天线对方向的敏感程度决定,一般通过天线辐射方向图来表示。天线辐射方向图是表示辐射能量在空间分布的图形,可以利用球坐标、极坐标、直角坐标等图形表示。天线辐射能量在三维空间呈一定的分布,所以完整的辐射方向图是空间立体图形,但有时只需要画出两个相互垂直面的主平面方向图,称为平面天线辐射方向图(图 3.6),图 3.6 中 Z 轴为雷达波束方向。

天线发射的电磁波是球面波,图 3.7 为球面坐标系表示的辐射能量空间分布,在该坐标系统中,Z 轴为辐射源发射波束的主瓣方向,与它正交的 X 轴和 Y 轴分别为电场方向和磁场方向,变量 r、θ、φ 分别表示作用距离、仰角和方位角。辐射方向 $F(\theta,\varphi)$ 即为在 (θ,φ) 方向每单位立体角内的辐射功率,通常对 $F(\theta,\varphi)$ 按其最大值归一化处理,称为天线归一化辐射方向图,即:

$$F_n(\theta,\varphi)=F(\theta,\varphi)/F(\theta,\varphi)_{\max} \tag{3.4}$$

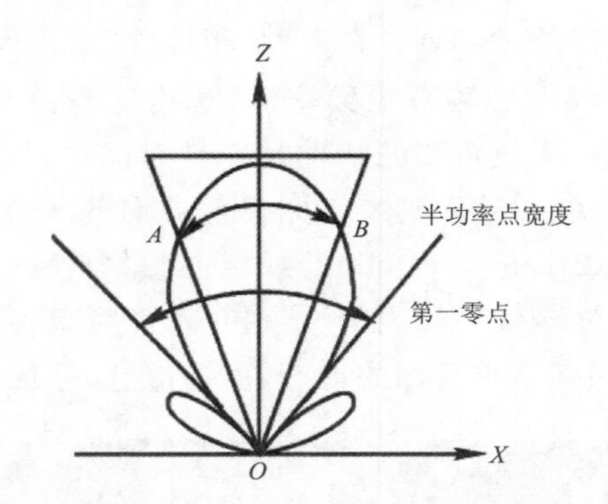

图 3.6　平面天线辐射方向图

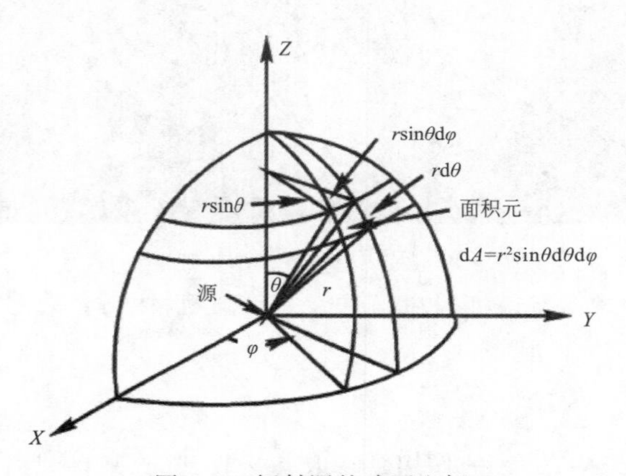

图 3.7　辐射源的球面坐标

需要注意的是，辐射能量与声音能量的表示单位是一致的，都是以“分贝”(dB，decibel)表示，分贝为无量纲的物理量，由功率比值的对数运算得到：

$$\text{以 dB 表示的能量} = 10\log_{10}\frac{P_2}{P_1} \tag{3.5}$$

式中，P_1与 P_2是两个被比较的功率电平，即需要计量的功率能量值和标准功率(如 1 mW 的零电平功率)的比值。分贝是通信系统的常用单位，是以美籍苏格兰裔发明家亚历山大·格拉汉姆·贝尔(Alexander Graham Bell，1847—1922)的名字命名的。分贝为一个对数单位，以此表示的能量单位与人的听觉系统对声音的感知是一致的，因为人耳对声音的感觉敏感度与绝对功率呈对数关系。

图 3.8a、b 分别为极坐标和直角坐标表示的天线辐射方向图。由图可见，在较窄的 θ 角范围内天线的辐射强度相对其他方向更强，对应这个角度范围的窄立体角内辐射出大部分天线的辐射功率，这部分天线波束称为天线的主波束或者主瓣。随着

θ 角增加相继出现一些峰值和谷值，并且这些峰值和谷值随 θ 的增加而减小，这些部分被称为旁瓣，紧邻主瓣的第一个峰形成的旁瓣为第一旁瓣，其他为次旁瓣。在极坐标表示的辐射方向图中 θ 角大于 90°的部分称为背瓣。

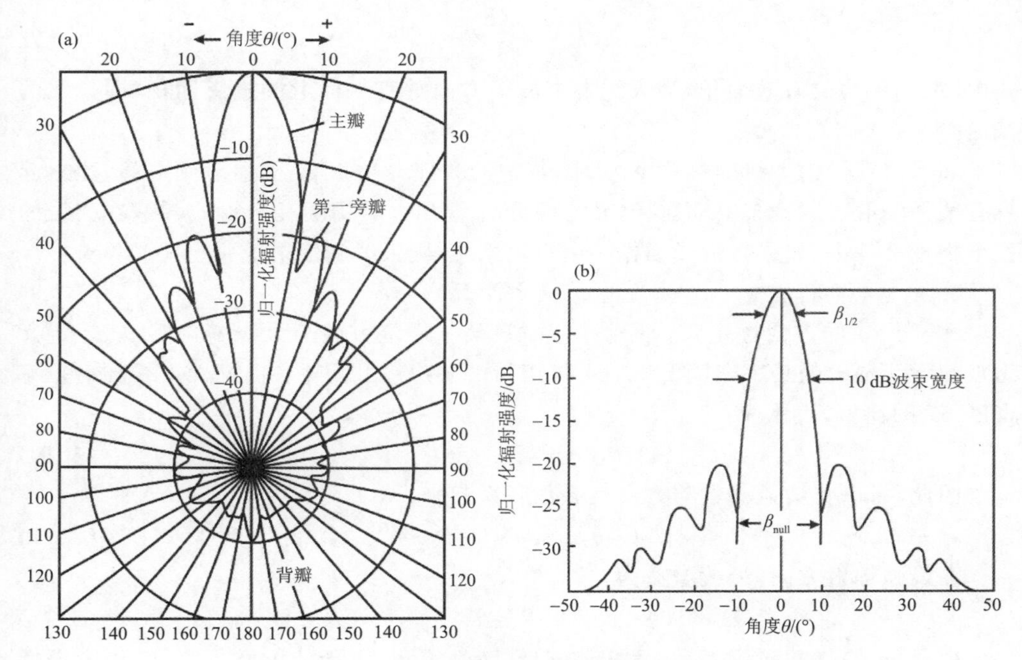

图 3.8　不同坐标辐射方向图
(a)极坐标辐射方向图；(b)直角坐标辐射方向图

雷达天线的角分辨率特征通常使用半功率波束宽度(Half-Power Beam Width，HPBW)表示，它是指归一化辐射强度为最大值一半所对应的两个方位角之间的角度，以分贝表示，则 $F(\theta,\varphi)=0.5$，相当于 -3 dB，因而半功率波束宽度也称为 3 dB 波束宽度。主瓣的总宽度则定义为第一零点之间的波束宽度，所谓第一零点并不一定是辐射强度下降到零值之处，而是指在主瓣最大值两侧首先下降到最小值(谷点)的点，此点对应的方位角为 θ_{null}。如果辐射方向图是对称的，第一零点之间的波束宽度为：

$$\beta_{null}=2\theta_{null} \tag{3.6}$$

雷达天线在各个方向上发射的辐射强度是不同的，在主瓣方向集中了大部分辐射能量，并在该方向上出现最大的辐射强度，天线方向性系数描述了天线的这种特性，它定义为在主瓣方向上的最大辐射强度与天线平均辐射强度的比值，表示为 D：

$$D=\frac{最大辐射强度}{平均辐射强度}=\frac{最大功率}{立体角}\Big/\frac{总辐射功率}{4\pi} \tag{3.7}$$

方向性系数说明了空间中某点处的最大功率密度比各向同性天线增强了多少倍，表示了辐射功率被集中的程度。对于面积为 A 的矩形孔径天线，工作波长为 λ 时，其方向性系数为：

$$D_0 = \frac{4\pi}{\lambda^2}A_e \tag{3.8}$$

式中，A_e 为天线的有效面积，为天线在主波束方向垂直平面上的投影面积，即天线的截面。

如果假定供给天线的总功率为 P_i，其中的大部分功率 P_0 被辐射到空间，建立起具有某种辐射强度分布的辐射场，其余部分功率 P_l 以欧姆损耗的形式耗散在天线的各个物理部件中，如果将天线当作一个有耗系统，则天线的辐射效率定义为：

$$\eta_l = P_0 / P_i \tag{3.9}$$

有耗天线的方向性定义为天线增益，在某一规定方向上天线增益 $G(\theta,\varphi)$ 定义为被测天线辐射的功率密度 $S_r(\theta,\varphi)$ 与相同供电功率下无耗各向同性天线辐射功率密度 S_{ri} 的比值，表示为：

$$G(\theta,\varphi) = S_r(\theta,\varphi) / S_{ri} \tag{3.10}$$

因此，可以将增益函数与方向性系数联系起来：

$$G(\theta,\varphi) = \eta_l D(\theta,\varphi) \tag{3.11}$$

在最强辐射方向，最大增益为：

$$G_0 = \eta_l D_0 \tag{3.12}$$

由此可见，增益不仅表示天线的方向性特性，还计入天线的欧姆损耗，而方向性系数不计入欧姆损耗。从这个意义上讲，无耗天线的增益就是它的方向性系数。当已知供电功率和天线增益，可求出距离天线 r 处（满足远场条件）的功率密度：

$$S_r(\theta,\varphi) = P_t G(\theta,\varphi) / 4\pi r^2 \tag{3.13}$$

3.3 微波辐射计

3.3.1 微波辐射计概念

微波辐射计是一种被动式的微波遥感系统，微波辐射计本身不发射电磁波，而是通过接收被观测目标辐射的微波能量来探测目标特性。当微波辐射计的天线主波束指向目标时，天线接收到目标辐射、散射和传播介质辐射等辐射能量，引起天线视在温度的变化。天线接收的信号经过放大、滤波、检波和再放大后，以电压的形式输出到处理系统。对微波辐射计的输出电压进行绝对温度定标，即建立输出电压与天线视在温度的关系之后，就可确定天线视在温度，即确定所观测目标的亮度温度。该亮度温度由辐射源和传播介质的物理特性共同决定，通过反演就可以获得被探测目标的某些物理特性。由于微波辐射计接收的是被测目标自身辐射的微波频段电磁能量，因此它所提供的关于目标特性的信息与可见光、红外遥感和主动微波遥感不同。同时，因为被测目标自身所辐射的微波频段的电磁能量是非相干的极其微弱的信号，这种信号的功率比辐射计本身的噪声功率还要小得多，所以微波辐射计实质上是一种高灵敏度的接收机。

由于微波辐射计测量结果对目标温度、粗糙度、盐度和含水量等参数的敏感性，被动微波遥感已成为观测地球表面的重要途径。相对于主动方式工作传感器的巨大设备、更大的天线及较高成本，星载被动微波传感器在尺寸、重量和功率等方面都具有更优的性价比。此外，在微波中段波段，云层和气溶胶的影响最小，这也是微波被动传感器的优势。

微波辐射计按平台可分为地基（地面与船载平台）、空基（飞机、气球、无人机等）和天基（卫星、飞船、航天飞机等）等系列。近年来已广泛应用于大气探测、海洋遥感和陆地遥感，可有效获取土壤湿度、降水、大气水汽含量、积雪、海面温度、陆地植被状况等参数。

微波辐射计在技术上有多种类型，主要有全功率型、Dicke 型、零平衡 Dicke 型、双参考温度自动增益控制型等。全功率微波辐射计结构较为简单（图 3.1），主要由天线系统、射频放大器、混频器、本机振荡器和信号处理系统组成。信号处理系统主要包括中频放大器、平方律检波器、低通滤波器和积分器。平方律检波产生的输出信号电压可保证与输入的天线温度呈线性关系。积分器作用主要为滤除高频起伏分量，输出较为平滑的信号电压。

微波辐射计具有以下特点：

(1)在厘米波长以上的微波波段具有穿透云层的能力，可以进行全天候观测；

(2)可以利用微波的极化、相干等特性进行灵活的信号处理，获取更多的信息，提高系统的性能；

(3)微波波段的电磁波具有与大多数自然和人工目标的结构尺寸相匹配的波长，适于进行这些结构参数的遥感测量；

(4)提供与可见光、红外遥感和主动微波遥感不同的关于目标物特性参数的信息，是进行完整地物特性测量不可缺少的组成部分；

(5)与有源微波遥感相比，微波辐射计重量轻、体积小、功耗小，更适于星载。

3.3.2　微波辐射计工作原理

地球表面黑体辐射曲线的峰值处于红外波段，在微波波段相对较为微弱，为了能够探测足够量的微弱的地面辐射，要求微波辐射计具有极高的灵敏度。微波辐射计可以通过两种途径使辐射计能检测到足够强的信号，一种途径是辐射计要有足够长的积分时间，意味着用于探测来自某一特定方向的时间要尽可能长，以获得更好的信噪比(SNR)。对于星载辐射计来说，平台的飞行速度一般为几千米每秒的量级，会限制可驻留时间的长度；另外一种途径是使用较大的带宽来进行测量，区域越大，与固有的仪器噪声相比，目标信号强度越大。

星载微波辐射计测量的是大气顶部的亮度温度(T_A)，它与地球表面的亮度温度有着直接和间接的关系。来自于地球表面物体的直接发射辐射是对地观测辐射计真正希望测定的量，而来自于别处(如大气的下行辐射)发射的但被地面散射到辐射计视场的微波辐射是具有间接联系的信号。此外，由于地面上的大气均具有一定的物理温度，从而也能发射微波辐射，所以还包括来自大气的信号。因此，星载微波辐射计测量的总辐射可以表示为：

$$T_{TOA} = \gamma(T_{SURF} + T_{SC}) + T_{UP} \tag{3.14}$$

式中，T_{SURF}是地面的亮度温度，T_{SC}是被地面散射的下行大气辐射，T_{UP}是大气的上行辐射。γ是大气路径透过率，当大气竖直向不透明度为τ时，有：

$$\gamma = e^{-\tau/\cos\theta} \tag{3.15}$$

地面的亮度温度T_{SURF}，可以由地表发射率ε和物理温度T_S的乘积表示：

$$T_{SURF} = \varepsilon T_S \tag{3.16}$$

T_{SC}是亮度温度，是下行大气辐射T_D被地面散射到辐射计的能量，可由下式表示：

$$T_{SC} = \Gamma T_D = (1-\varepsilon)T_D \tag{3.17}$$

式中，Γ为地表反射率，ε为地表发射率。根据基尔霍夫定律，随着地表发射率的增加，地表散射的天空发射辐射将减少。

在被动微波遥感中，往往感兴趣的是括号中的变量。因此，在对地表观测时使用大气透过率高的、频率相对较低的频段是星载微波辐射计频段的理想选择。当频率在40 GHz以下时，大气的吸收和发射基本可以忽略不计，这时下行辐射主要以宇宙背景辐射(3 K)为主，即主要表现为反射太阳辐射(图3.9b)。地表反射的太阳辐射在观测中称为“太阳闪耀”(Sun glint)，需要通过对轨道和观测角的选择来消除，该情况下微波辐射计测量的总辐射表示为：

$$T_{TOA} = \gamma(\varepsilon T_{SURF} + (1-\varepsilon)\, T_{3K}) + T_{UP} \tag{3.18}$$

当观测频段进一步降低到5 GHz以下时，此时大气透过率接近100%，因此式(3.18)可以进一步简化为：

$$T_{TOA} \approx \varepsilon T_{SURF} + (1-\varepsilon)\, T_{3K} \tag{3.19}$$

一般情况下，大气层顶的微波亮度温度T_{TOA}主要由以下四个因素综合影响：地表温度和发射率、大气温度和发射率、大气透过率以及地面粗糙度。当入射角大于

0°时，地表的贡献非常重要同时还受到极化的影响。如果选择大气影响较小的低频段，便可以通过三个独立的测量(如不同极化或不同频段)来获取其他三个参数。

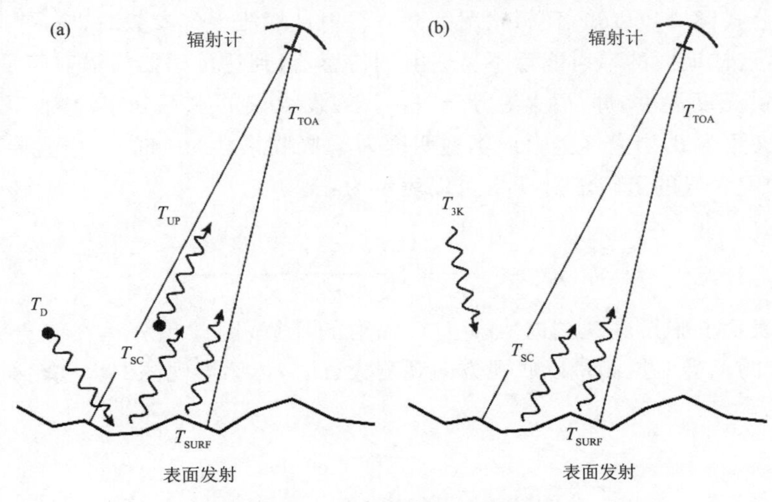

图 3.9 微波辐射计工作原理

大气对微波具有选择性吸收，根据大气分子谱线及基尔霍夫定律，大气作为辐射源，如在某波段有较强吸收作用，在该波段就有较强的发射作用，能够发射微波辐射。由图 3.10 可见，在频率 22.235 GHz(波长 1.35 cm)处，大气水分子具有强吸收，而在 60 GHz 处，氧分子存在较强吸收。因此，根据辐射与水汽分子及温度和氧气密度

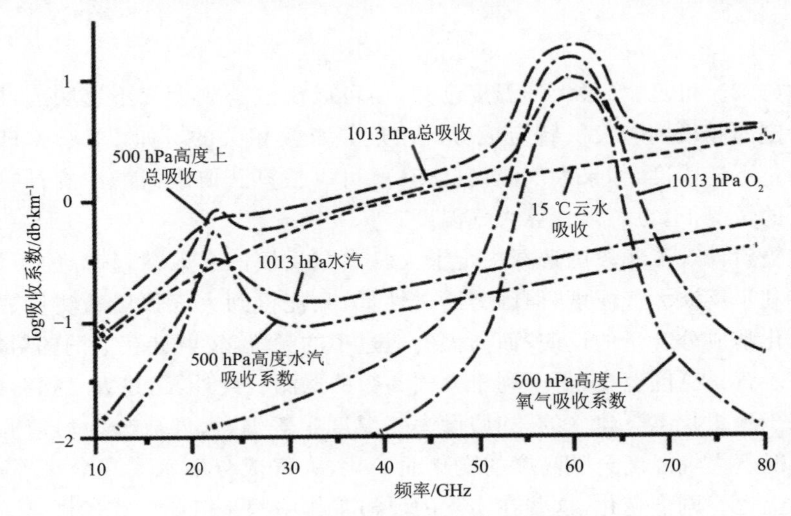

图 3.10 水汽、氧气的微波吸收系数

的关系，微波辐射计可以利用 22～30 GHz 的频段来反演大气水汽廓线，大气为温度遥感则可以选取 51～59 GHz 的频段。

根据公式(3.14)可知，理想状况下微波辐射计探测大气参数时，应采用大气透射率低频段，这样地面的辐射能量不易透射到传感器，到达传感器的辐射能量主要来自于大气辐射亮度温度，即 T_{TOA} 约等于 T_{UP}。假设大气的水平分布均匀，观测路径与竖直方向夹角为 θ，当大气竖直向不透明度为 τ、吸收系数为 κ 时，在竖直向高度 z(非路径长度)上大气的上行辐射 T_{UP} 可以表示为：

$$T_{\mathrm{UP}} = \frac{\int_0^{\mathrm{TOA}} \kappa_\nu(z) T(z)\, e^{-\tau(z)/\cos\theta} \mathrm{d}z}{\cos\theta} \tag{3.20}$$

该式表示了非天底观测时大气上行辐射的计算，因此积分是在竖直方向 z(高程)上进行的。当卫星测量以底视方向观测大气时，传感器观测的大气辐射亮度温度可以表示为：

$$T_{\mathrm{TOA}} = T\int_0^{\mathrm{TOA}} \mathrm{e}^{-\tau} \mathrm{d}\tau \tag{3.21}$$

假设无背景信号，并改变积分式，对 $\mathrm{d}\tau$ 积分，计算的结果可以表示为：

$$T_{\mathrm{TOA}} = T(1 - \mathrm{e}^{-\tau_\alpha}) \tag{3.22}$$

式中，τ_α 为大气的总光学厚度(0～TOA)。当微波辐射计采用不透明度高的高频段时，$\tau_\alpha \gg 1$，于是有 $T_{\mathrm{TOA}} \approx T$，此时辐射计观测值等价于大气的温度值；而当采用不透明度低的频段(非完全透明)时，有 $\tau_\alpha \ll 1$，此时 $\mathrm{e}^{-\tau_\alpha} \approx 1 - \tau_\alpha$，因此式(3.22)可以简化为：

$$T_{\mathrm{TOA}} = T\tau_\alpha \tag{3.23}$$

由式(3.23)可见，如果大气温度已知，便可以反演得到大气不透明度，因为不透明度在特定的频段内与大气特定成分的浓度是直接相关的。如以 183 GHz 的水汽谱线来测量不透明度，如果大气温度已知，就可以估算获取水汽的浓度；同样在已知水汽浓度的情况下，也可以估算大气温度。

微波辐射计观测频段的选择决定了大气参数反演的有效性，较高的不透明度频段虽然有利于反演大气温度，但因为透过性低，只能得到大气顶层的测量数据，不利于对大气化学成分含量的反演；而高大气透过率的频段，辐射计获取的辐射能量主要来源于地表背景亮度温度，更不利于大气参数的探测。此外，上述大气探测的理论公式均是基于理想状态下建立的，如假设大气温度是等温、大气成分为均匀混合的，而在实际情况下大气温度会随高度的变化而变化，大气成分如水汽和臭氧等在水平和垂直方向上也有剧烈变化，这些在实际的反演工作中都是需要考虑的因素。

3.4 主动微波遥感系统

受限于微波较长的电磁波波长，被动微波遥感其成像空间分辨率一般较低。相比被动微波遥感，主动微波遥感通过仪器系统本身产生微波扫描信号，然后测量目标散射的回波实现目标特性的观测。在主动成像微波遥感系统中，可以通过孔径合成的技术有效提高空间分辨率，相比微波辐射计影像，SAR成像雷达影像空间分辨率可以提高几个数量级。主动微波遥感系统可以获取两种完全不同类型的信息：一是根据回波的延时确定的距离信息；二是回波的强度和极化等特性。利用天底点指向的回波延时进行准确距离测量的传感器称为“高度计”，而准确记录回波特性（如雷达截面）的仪器称为“散射计”。

3.4.1 雷达工作原理

雷达（radio detection and ranging，Radar）是“无线电探测和测距”的简称，是基于回波定位的原理，由系统发射一个信号并接收其回波，通过测量回波返回时刻估计距离的传感器。

“回波定位”原理在很多遥感手段，如声呐（利用声波定位）、激光雷达（利用可见光或近红外波段）等探测中应用广泛，这种方式也见于很多动物（如蝙蝠、海豚和某些鸟类等）的感知系统中。如蝙蝠就是自然界中典型的主动遥感系统，利用其灵敏的听觉系统“收听”自身发出的声波作用于周围目标和猎物后产生的回波。对于蝙蝠来说，世界不是通过颜色被感知的，而是通过目标表面粗糙度、声波反射率和相对运动来感知的，这种感知世界的方式和雷达系统感知环境的方式十分类似。

雷达系统是利用照射到表面的相对高功率微波脉冲（而不是微弱得多的微波辐射），获得高精度的延时数据来进行定位及成像。脉冲是指电压或电流的波形像心电图上的脉搏跳动的波形，是隔一段相同的时间发出的波的机械形式，脉冲一般定义为在短时间内突变，随后又迅速返回其初始值的物理量。

脉冲有间隔性的特征，因此可以把脉冲作为一种信号，相对于连续信号在整个信号周期内短时间发生的信号，脉冲信号大部分信号周期内没有信号。脉冲由以下参数进行描述：

（1）脉冲宽度：指脉冲的持续时间，通常用希腊字母 τ 表示，脉冲宽度可以从几分之一微秒到几毫秒；

（2）脉冲长度（L）：指脉冲在空间传播时从其前沿到后沿的距离，脉冲长度＝脉冲宽度×电磁波传播速度；

（3）脉冲重复频率（PRF）：是指雷达发射脉冲的速率，即每秒钟发射脉冲的个数。

通常用 fr 表示。

(4)脉冲周期：脉冲周期是指从一个脉冲开始到下一个脉冲开始之间间隔的时间，也称脉冲重复间隔(PRI)，通常用 T 表示：$T=1/fr$。

3.4.2 雷达方程

雷达方程将雷达作用距离与发射机、接收机、天线和目标的特性以及环境关联起来。雷达方程不仅用于确定某一特定雷达能够探测到的目标的最大作用距离，还是了解影响雷达性能因素的一种手段。

当能量在空间向各个方向(各向同性)传播时，把功率密度(单位面积的功率)定义为发射功率(P_T)除以半径为距离向距离(R_T)的假想球面面积上，即：

$$P_D = \frac{P_T}{4\pi R_T^2} \tag{3.24}$$

式中，P_T为发射机总功率，R_T为距天线的距离。

当天线增益为 G_t时，在天线相同距离上接收的功率密度为各向同性天线的功率密度乘以 G_t，即：

$$P_D = \frac{P_T G_t}{4\pi R_T^2} \tag{3.25}$$

当主动微波能量到达目标物，影响目标回波能量的因素就是目标本身。目标所截得的全部能量与目标的接收面积(A_s)成比例，在所接收的能量中，一部分能量被吸收(吸收率 α)，其他的被各向异性地发射回去($1-\alpha$)，把目标对雷达波散射能力定义为目标物的后向散射截面 σ，σ 可以表示为：

$$\sigma = A_s(1-\alpha)g_s \tag{3.26}$$

式中，g_s表示目标物的部分增益。由此，从目标物返回的雷达波总功率可表示为：

$$\frac{P_T G_t}{4\pi R_T^2}\sigma$$

在接收机处的功率密度为：$\frac{P_T G_t}{4\pi R_T^2}\sigma \frac{1}{4\pi R_R^2}$

接收机接收到的总功率为：

$$P_R = \frac{P_T G_t}{4\pi R_T^2}\sigma \frac{1}{4\pi R_R^2} A_R \tag{3.27}$$

其中，A_R表示接收天线的有效面积，$A_R = \rho_a A$，其中 A 为物理尺寸，ρ_a 为天线孔径效率。当雷达接收机接收到的信号功率 P_R等于或小于最小可检测信号 $S_{\min}$时，也就是雷达探测的最远距离，将 $S_{\min}=P_R$代入式(3.27)，并当雷达天线同时作为发射天线与接收天线时，雷达最大作用距离 $R_{\max}$可以表示为：

$$R_{\max} = \left[\frac{P_T G_t A_R \sigma}{(4\pi)^2 S_{\min}} \right]^{\frac{1}{4}} \tag{3.28}$$

这就是雷达方程的基本形式，也称为雷达距离方程，它描述了雷达发射机发射雷达波束后由地物目标后向散射，雷达接收天线所接收到的回波功率。此外，通过雷达方程可以看出通过哪些途径可以有效提高雷达的探测距离，以及各种方法的提高效率如何，这些都是在雷达系统设计时所需考虑的因素。如提高雷达发射机的发射功率时，当发射功率提高3倍时，探测距离仅增加了原来的约32%；目标物后向散射截面积增大4倍，探测距离增加1.41倍；天线直径增大1倍，探测距离则会相应增加1倍。

另一方面，从被探测目标物的角度来说，现代隐形战机或战舰的隐身原理是为了尽可能不被雷达探测到，则需要尽可能降低雷达散射截面(σ)，这就需要使用对雷达波高吸收率的材料与尽可能减少目标物大小。而实际上减小目标物的物理尺寸的途径十分有限，所以一般的隐形设计更多的是考虑外形，即外形应避免使用大而垂直的垂直面和取消武器的外挂点，最好采用凹面，这样可以使散射的信号偏离力图接收它的雷达，典型的如弯曲机身，F-117A的多面体技术等(图3.11)；外表面涂装材料上，则采用尽量吸收电磁波的材料，尽可能多地吸收雷达波，减少回波的能量。

图3.11 隐形战斗机

(a)F-117A隐形战斗机；(b)J-20隐形战斗机

3.4.3 雷达高度计

雷达高度计是一种主动式微波测量仪，是利用天底点指向的回波延时进行准确距离测量的传感器(图3.12)。当前星载雷达高度计延时测量精度在800 km的轨道高度上可以达到几个厘米，只要获得测量时刻卫星传感器的准确位置信息，就可以将此高精度的延时信息转化为对地表地形高程的准确测量数据。雷达高度计现在广泛应用于飞机和测地卫星上，在载人空间计划、月球计划及行星际计划中也广泛应用。不同的雷达高度计设计复杂程度差异较大，简单的高度计可以作为飞机高度指示器，较复杂的高度计则可以对回波进行复杂分析，获得陆地、海洋和冰的表面地形数据，目前星载雷达高度计已进入全球化业务运行阶段。

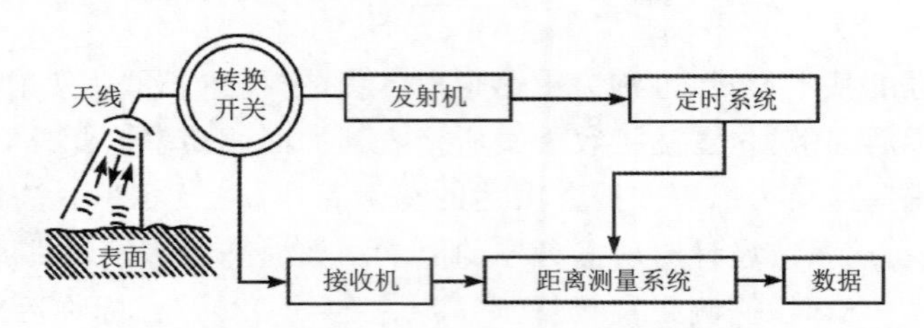

图 3.12　简化的雷达高度计结构(舒宁,2003)

雷达高度计工作时按定时系统的指令,由发射机发出调制射频波束,经转换开关导向天线,由天线将波束射向目标,然后由天线收集向天线方向发射或散射回来的那部分能量,再由转换开关引向接收机,将返回的信号进行处理后提供输出数据,以决定往返双程传播的时延(图 3.13)。因为传播速度是已知的,只要测量出雷达脉冲从高度计传播到地球表面并返回来的时间延迟 T,从卫星到地表面的距离就可按以下公式进行求算:

$$R = \frac{cT}{2} \tag{3.29}$$

式中,c 为电磁波在真空中的传播速度;T 为雷达脉冲传播时延;R 为高度计到地面的距离。

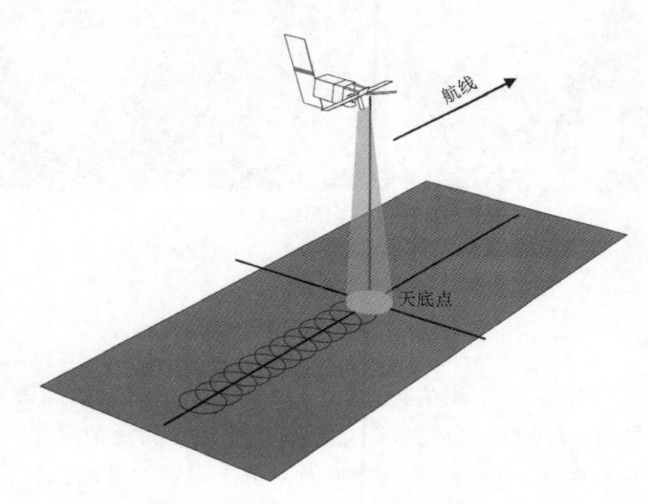

图 3.13　雷达高度计测高几何示意图

雷达高度计天线系统一般向天底方向发射微波脉冲并测量回波的延时,相对于回波辐射功率,回波的延时是雷达高度计实现高程测量的关键参数。由图 3.14 可见，回波脉冲的前沿部分总是对应离高度计距离最近的正下方点即天底点，因此天底点的地面测量足迹决定因素不是波束宽度，而更多取决于脉冲的宽度以及特定时刻脉冲照射的等效地面面积。

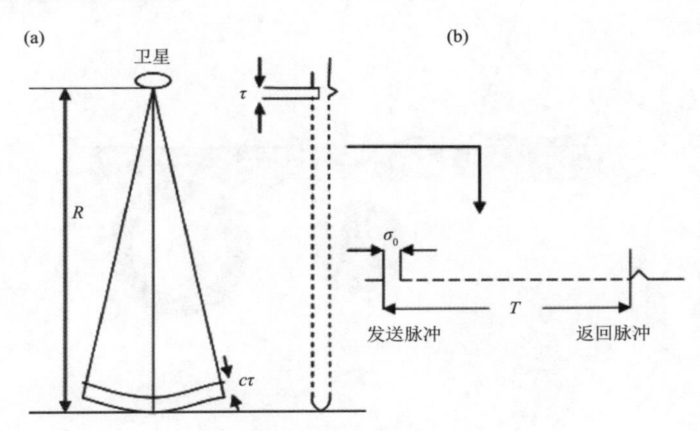

图 3.14　雷达高度计测距原理

(a)距离尺度；(b)时间尺度

图 3.14 中，τ 表示脉冲宽度，即脉冲的持续时间。

雷达高度计可以获取高精度的地球表面平均高度，同时其工作波长较长，受天气影响较小，在足够的辅助数据以及误差补充的基础上，其平均高度的准确度可以控制在厘米级，如 TOPEX/Poseidon 卫星上的雷达高度计，其精度可达 2 cm，单次轨道过境的测量精度实际可达到优于 5 cm 的精度。

由于卫星高度计波束宽度的影响，巨大的水平足迹限制了高度计测量的分辨率，一般星载高度计的波束足迹可达数十千米，所以卫星雷达高度计一般较适用于数千米水平范围尺度上厘米级到米级尺度内的较小垂直高程变化的区域，如在海面、北极和格陵兰冰盖等地区。在这两类地区，现场测量都存在一定的困难，在这些区域卫星雷达高度计的应用也充分体现了其价值，具体如应用于海洋表面随潮汐、洋流和海风的变化研究，冰盖随冰平衡的改变其具有的季节性或年际变化规律的研究。因此，在一个长时间尺度(年)的重复观测，高度测量是关于地球海洋和冰面宏观工程的一个重要信息源。

高度计在海洋中的另一个重要应用是确定海面风速。图 3.15 给出了不同地面粗糙度状态下雷达高度计的回波波形，当地表平坦时，高度计脉冲将依次扫描照亮以星下点(天底)为圆心的一系列同心圆环，回波波形如图 3.15c 中的实线所示；当地表较为粗糙时，高度计脉冲投影分布不规则，回波波形如图 3.15c 中虚线所示，当地表有明显起伏时，脉冲回波波形更为复杂缺乏规律性。海面粗糙度会影响海面的后向

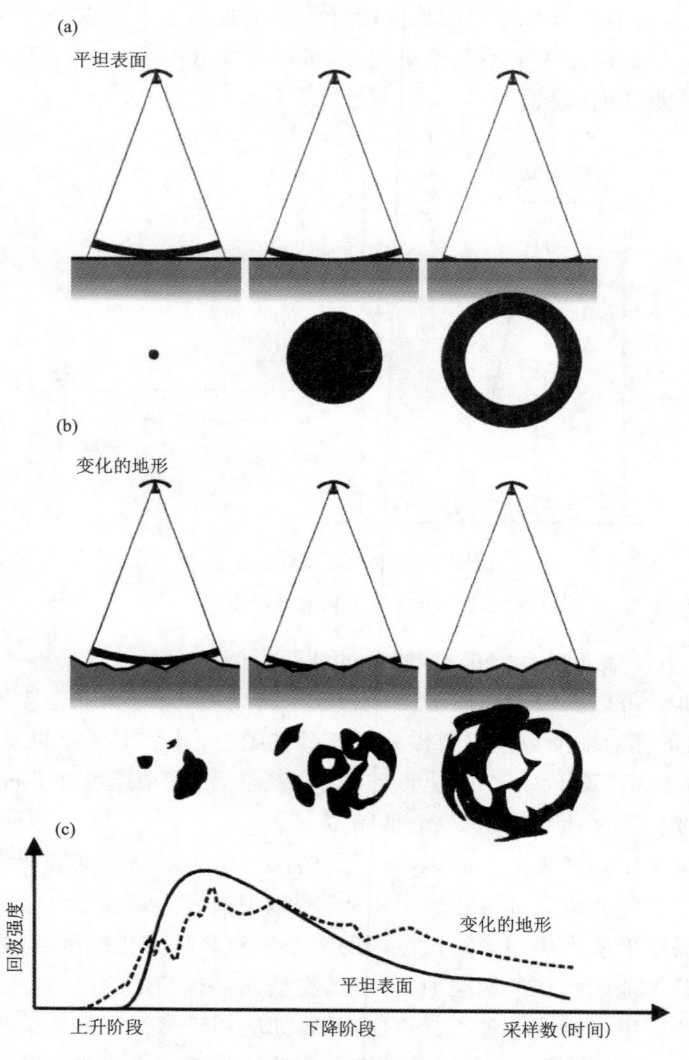

图 3.15　不同地面粗糙度状况下高度计脉冲回波波形

散射：海面越粗糙，天底方向返回雷达的镜面反射越小，整个足迹中的漫射所占比重越高，包括部分进入后向散射方向的漫射，高度计回波强度随延时变化的函数还是海洋粗糙度的指标，进而可以探测波高及风速。如 ERS-1/2 卫星上的雷达高度计(RA)是星载高度计的典型代表，RA 为指向天底点的主动微波传感器，其工作频率 13.9 GHz，天线直径 1.2 m(对应 1.3°的波束宽度和 20 km 的地面足迹)，用以精确测量海面和冰面的回波延时，获取海面有效波高、海面风速、海面地形和海冰及冰盖信息。

此外，高度计还可以对其他行星和月球地形进行测绘，如金星表面存在一个对可见光不透明的大气层，因此高度计长波的优势使其成为了测量金星表面地形的一个无法替代的手段。

3.4.4　散射计

散射计是一种有源微波遥感器，一般只要能精确测量目标回波信号强度的雷达，都可称为散射计。散射计和高度计的不同在于其提供准确的目标散射截面测量数据，而不是关注于测距的准确度和空间分辨率，延时信息在某些时候仍可用来估计距离，但更多是作为目标定位的一个辅助，而不是最终产品。

散射计可以获取目标的精确散射截面，有助于深入理解微波和自然目标的相互作用及目标的散射特性随雷达波束入射角变化的规律，也用于研究极化和波长变化对目标散射特性的影响。高质量散射计测量值可以提供海面粗糙度、土壤湿度和植被覆盖等信息。地基散射计可以进行实验室和外场目标物的地面遥感试验，用以验证散射模型和生成散射特性数据库。

散射计和高度计的工作原理类似，都是以一定脉冲重复频率 PRF 发射一系列脉冲并定量测量其回波强度及性质。底视散射计常用来测量植被、冰雪、雨云等的雷达截面随高度的变化。在星载散射计中，天线波束一般采用倾斜方向，波束方向可以和航迹的一侧相垂直，也可以沿着航迹相同或相反的方向。对于窄扫描波束的散射计，一般使天线波束中心位于一个圆锥面上，即锥形扫描，圆锥扫描的优点是对于所有的测量值都有相同的入射角和两个不同方位角，表面的每个区域都可观测两次(除个别边缘区域以外)(图 3.16)。

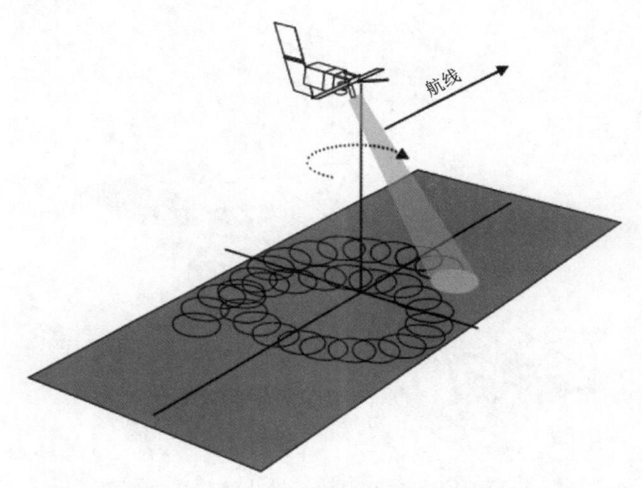

图 3.16　微波散射计圆锥扫描示意图

如果是非扫描散射计，波束覆盖面积就是飞行平台运动的结果。在这种情况下，天线往往设计成具有很宽的足迹（交轨方向），并利用回波延时（假定地表是相对平坦的）对散射信号沿着交轨方向进行近似差分。侧视时，回波延时通常直接依赖于沿地面的距离大小。

散射计有机载和星载的，也有搭载在直升飞机或无人机上的（可在测量中获取更长的积分时间）。目前星载散射计可以分为两大类：风散射计和降雨雷达。

风散射计是用来测量海洋表面风速和风向的散射计，通过两个或更多视角（方位角）对开阔水域的多视角测量，得到海面风生波的方向与海面风速。由于海面风声波的存在，逆风和顺风的观测值散射系数比侧风高，因此可以通过不同视角的测量值获得风向信息。多视角测量得到的散射系数值是非对称的，测量其不对称性的程度和回波强度，结合现场测量风场得到的半经验模型，将测量值和模型进行拟合，最后反演获得风向与风速，从而服务于天气预报、大气与海洋之间的能量、碳水交换等的研究。现在风散射计已成功用于海洋表面风场的测量，被作为气候模型和天气预报模式的输入值，相对于以往海面稀疏的浮标和船只测量，是一个长足的进步。

风散射计测量过程的关键须以不同方位角对“同一”区域进行回波测量，一般可以采用两种方法来实现：一是如 ERS-1/2 风散射计采用的方法，如图 3.17 所示，散射计包含三个较宽的扇形天线，分别指向前方 45°、正右侧和后方 45°。通过距离处理技术，扇形波束中的回波被分割成间距约为 25 km 的十九个部分。通过频率处理，也能对三个天线的回波进行鉴定，因为它们的多普勒频移不同。前方波束的回波被移到较高的频率，后方波束向低频移动，而中间的天线没有多普勒频移。任何海面

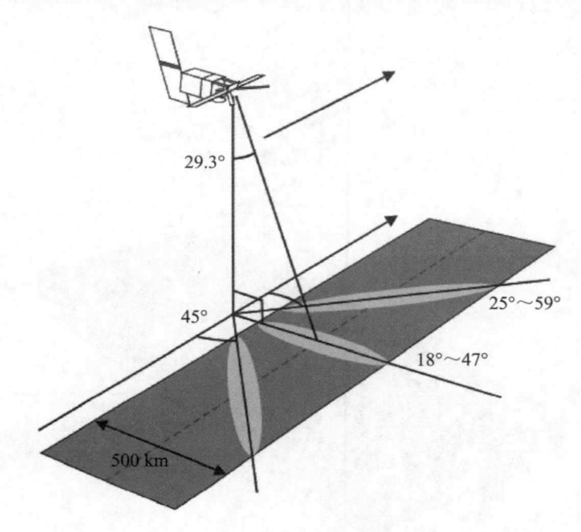

图 3.17　ERS 风散射计扫描几何关系示意图

的特定区域会依次被前方、中间和后面的波束扫描到，对应于三个不同的方位角。这样，三个一组的数据就可以用来反演风速和风向(图 3.18)。

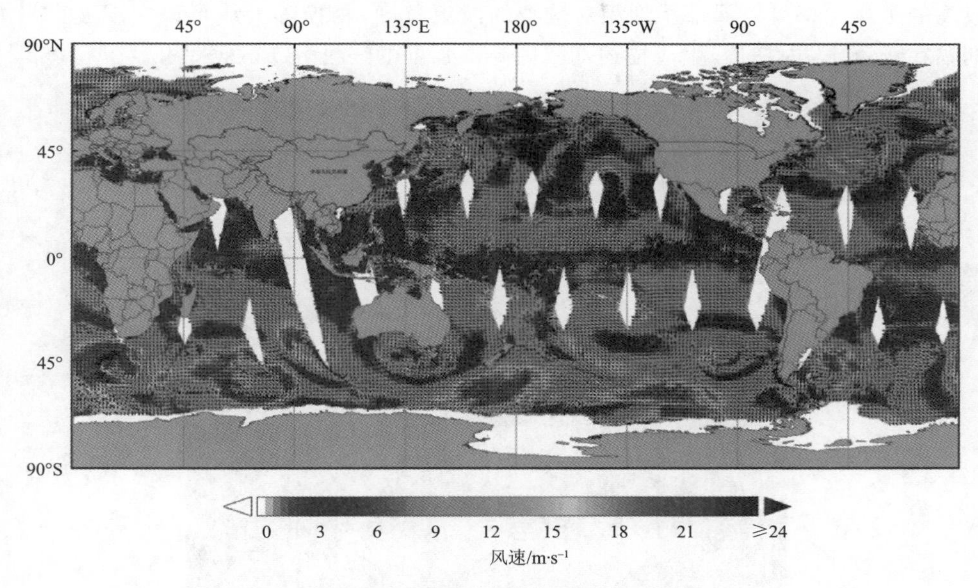

图 3.18　散射计得到的海面风场

第二种方法是圆锥扫描，如 SeaWinds 卫星上搭载的 QuickSCAT 散射计，其观测几何如图 3.16 所示，不同的是它有两个不同扫描半径的笔形波束。这样单个圆锥扫描对特定区域有两个视角，两个波束就可以提供四个视角。由于工作频率较高(Ku 波段，14 GHz)对应于较窄的波束，并同时使用了 HH 和 VV 极化，对于每个网格，有四个测量值：外锥的 VV 极化(入射角 54°)和内锥的 HH 极化(入射角 46°)。对于刈幅内所有区域(除沿天底点方向和刈幅边缘)，这四个测量值对应于四个不同的方位角。QuickScat 散射计使用这种方法得到刈幅 1600 km、反演观测点相距 12.5 km 的网格。

使用第二种方法的散射计主要为降雨雷达(Precipitation Radar，PR)，降雨雷达是测量大气中水汽凝结物的散射计。当雷达工作在 10 GHz 以上的频率时，此时波长足够小，可与雨滴尺寸相比较，空气中较大的水汽凝结物散射开始变得明显。降雨雷达通过对雨云散射截面的测量，测定水汽凝结物(水滴)的大小，以此估计降水区域及降水概率，如 TRMM(热带降雨测量计划)搭载的第一台星载降水雷达，以 250 m 的分辨率精确测量一个扫描带宽 215 km 的后向散射。该系统专注于测量热带降雨，热带区域集中了全球 2/3 的降雨，且该区域地面站测量相对稀疏，TRMM 计划的实施极大弥补了该区域降雨强度和雨量信息的不足。

TRMM 的降雨雷达类似于扫描高度计，其测量的回波强度是延时的函数。系统基于一个主动的相控阵天线，工作在两个频率，分别略高于和略低于 13.8 GHz。较高的工作频率可以保证得到相对较窄的波束宽度，相控阵天线可以实现波束沿着刈幅在正负 17°内扫描，生成描述刈幅内降雨强度的三维分布数据(图 3.19)。

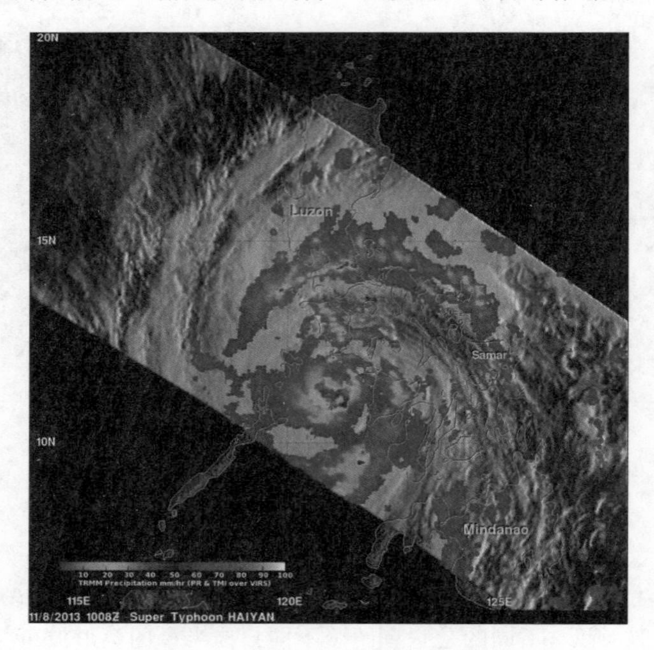

图 3.19　TRMM 降雨雷达图像

3.5　成像雷达

雷达高度计和散射计均为非成像传感器，系统获取的为测量目标参数数据。与非成像传感器不同，成像雷达获取的各单个的回波将生成许多成像数据点(而不是单个的测量值)，这些数据点与目标场景的空间维度相关，因此回波序列可以构建目标场景的二维图像。通常每个回波可以在刈幅内提供一个测量条带，通过系统平台的移动就可以收集一系列的条带测量值。成像系统与非成像系统最大区别，可以理解为成像系统是直接测量和空间变化有关的特性，而不是通过对独立测量值的“栅格化”处理形成的。成像雷达按工作原理可以分为真实孔径雷达(Real Aperture Radar，RAR)和合成孔径雷达(Synthetic Aperture Radar，SAR)，真实孔径雷达是早期的成像雷达系统，一般搭载在低空的飞机平台上，也称为侧视机载雷达(Side-Looking Airborne Radar，SLAR)。

3.5.1　真实孔径雷达

真实孔径雷达(RAR)指雷达天线长度是实际长度,雷达波束的发射和接收都是以其自身有效长度的效率直接反映到显示记录中,其工作的几何原理如图 3.20。如图所示,飞行平台携带真实孔径雷达直线运行,由天线向平台的一侧以俯角 θ_d 发射定向波束进行地面扫描,这些波束在平台运动的方向上是很窄的,而在垂直于平台运动方向上是延展的。

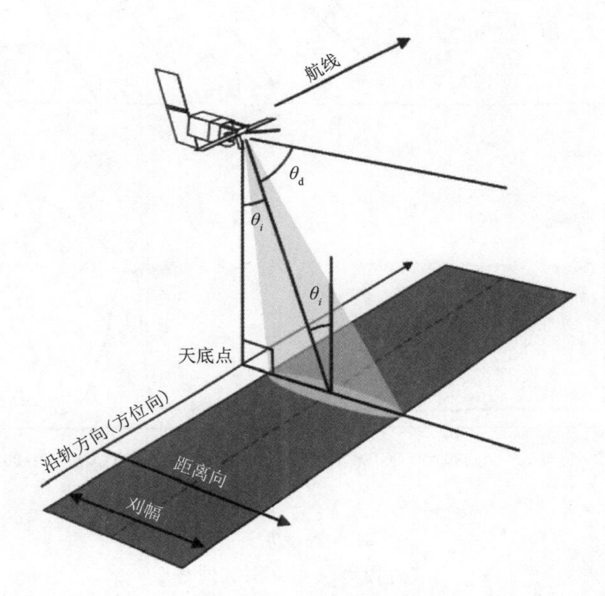

图 3.20　侧视雷达成像几何关系示意图

侧视雷达系统从平台行进方向的侧方发射一系列的微波脉冲(脉冲宽度 τ_p),然后接收斜距上不同距离目标返回的后向散射能量,并按照不同目标脉冲回波信号返回的先后延时顺序记录并构成影像(图 3.21)。在平台行进的方向上,扫描照射区域即天线足迹在地面上的移动按照平台行进的顺序成像。根据侧视雷达成像的这种特点,雷达图像的分辨率可以分为两个方向上的分辨率。我们把雷达图像中平行飞行航线的方向称为方位向或航迹向,垂直于航线的方向称为距离向,雷达图像的空间分辨率因此也定义在这两个方向:平行于雷达飞行方向的分辨率称为方位向分辨率,垂直于飞行方向的称为距离向分辨率,而这两个方向上分辨率各自的决定因素是不同的。

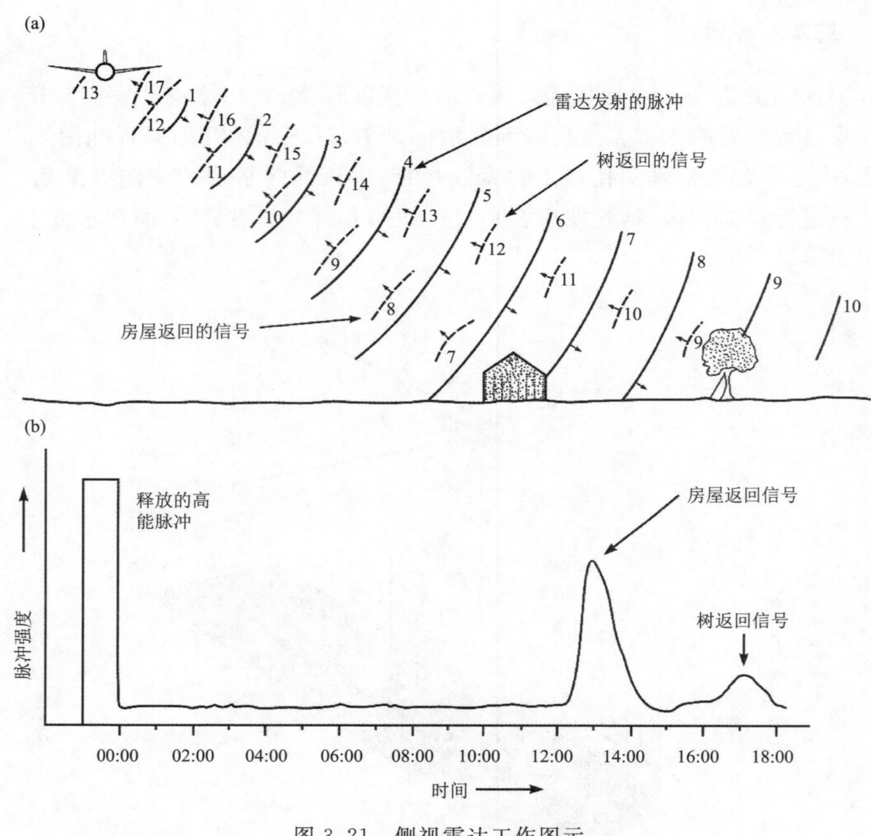

图 3.21　侧视雷达工作图示
(a)扫描脉冲;(b)回波能量

距离向分辨率指在脉冲发射方向上能分辨两个目标的最小距离,它由脉冲长度(脉冲持续时间×脉冲传播速度)决定。如图 3.22 所示,由雷达发射的脉冲信号首先被距离较近的 A 目标散射回来,然后脉冲继续前行碰到 B 地物目标,再被 B 目标散射回来,两个脉冲回波信号再依次被雷达接收。影像上要区分 A、B 这两个邻近目标,两个目标回波的脉冲信号须在不同的时间到达雷达天线,即要求两个目标的回波脉冲信号不能重叠。如果两个目标距离相隔太近,或脉冲长度较长,那么这两个邻近目标所散射的脉冲部分就有可能重叠,即几乎同时到达天线,从而形成一个长信号而非独立的信号被记录下来,这样也就无法分开这两个目标。由图 3.22 可见,A、B 两个目标能够分开的条件为该两个目标到天线的距离差(斜距 Slant Range)要大于脉冲长度的一半,这个距离又称为侧视雷达的斜距分辨率。

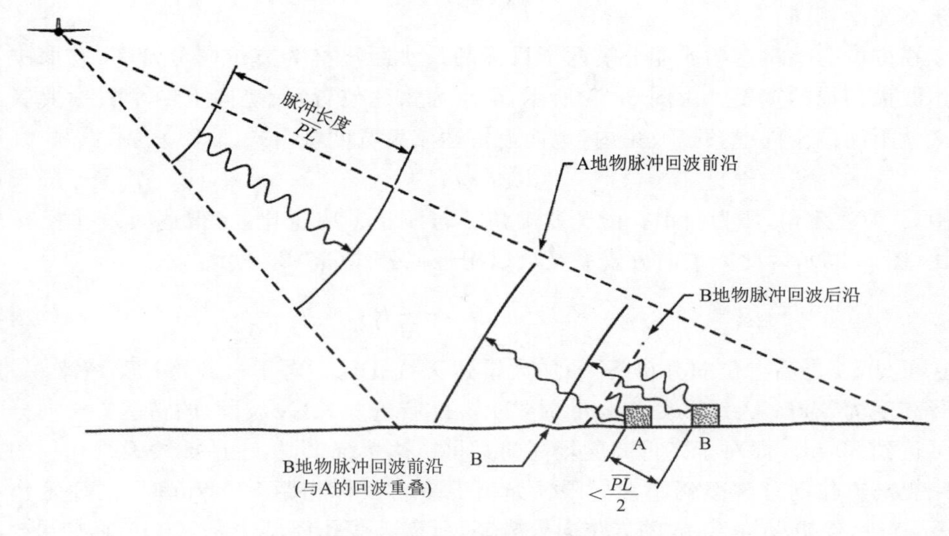

图 3.22　侧视雷达距离向分辨率与脉冲长度

斜距是雷达通过目标回波延时测量的实际距离，在对地观测中，一般我们更关注的是地距分辨率，即两个目标地物在地面（地形参考面）上可以分辨的最短距离。如图 3.23 所示，地距分辨率不仅取决于脉冲长度，还与雷达波束扫描的俯角有关。地距分辨率可以用下式表示：

$$\Delta R = \frac{c\tau}{2\sin\theta_i} \tag{3.30}$$

式中，τ 为脉冲宽度，c 为电磁波传播速度，θ_i 为雷达波扫描入射角。可见，要提高雷达影像地距分辨率，可以通过两个途径实现：一是减小脉冲宽度，使用短脉冲扫描；二是增大波束入射角，即雷达扫描波束越接近掠射，越是远离天底点的地面单元其地距分辨率越高，近垂直越接近雷达其地距分辨率反而越差，这与光学成像正好相反。此外，还应注意到距离向分辨率不受目标特性或观测几何的影响，特别是它不受目标到雷达距离的影响，无论飞行平台的高度是 3 km 还是 300 km，成像雷达系统的距离向

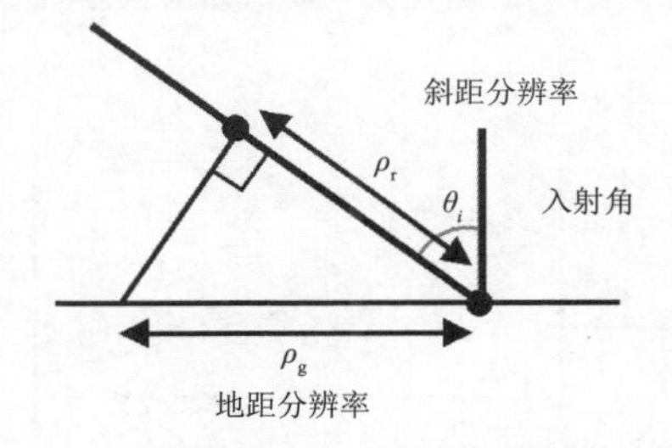

图 3.23　侧视雷达地距分辨率与斜距分辨率

分辨率完全相同。

在方位向上雷达图像能分辨两个目标的最小距离称为方位向分辨率，它取决于雷达波束扫描的宽度。由图 3.24 所示，S 点为雷达位置，航迹向上两个目标要区分开来就不能位于同一扫描波束内，地面上雷达波束宽度可由式(3.31)表示：

$$R_{\omega} = \omega R \tag{3.31}$$

式中，ω 为波瓣角，R 为斜距。由于波瓣角 β 与波长 λ 成正比，与雷达天线孔径 d 成反比(图 3.25)，因此方位向分辨率又可以用近似公式(3.32)表示：

$$R_{\omega} = \theta_{3\text{dB}} R \approx \frac{\lambda}{d} R \tag{3.32}$$

可见，要提高方位向分辨率，须加大雷达天线孔径。对于机载雷达系统来说，当飞行高度为 3 km，天线孔径为 3 m 时，工作在 3 cm 波长(X 波段)的雷达方位向分辨率可达到 50 m。而对于飞行高度较高的卫星雷达系统来说，通过扩大天线孔径的方法来提高方位向分辨率就非常局限！如当卫星与目标相距 800 km 时，同样工作在 3 cm 波段，要想保持 50 m 的方位向分辨率，所需天线孔径尺寸为 700 m，而如果想要达到目前光学影像相类似的分辨率(30 m)，天线孔径尺寸则需要 1 km，这显然是无法实现的。因此在星载成像雷达系统中必须采取其他的策略来提高方位向分辨率。

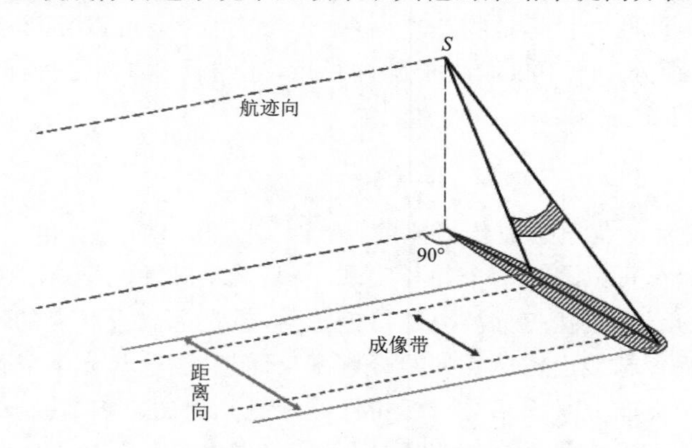

图 3.24　侧视雷达成像几何示意图

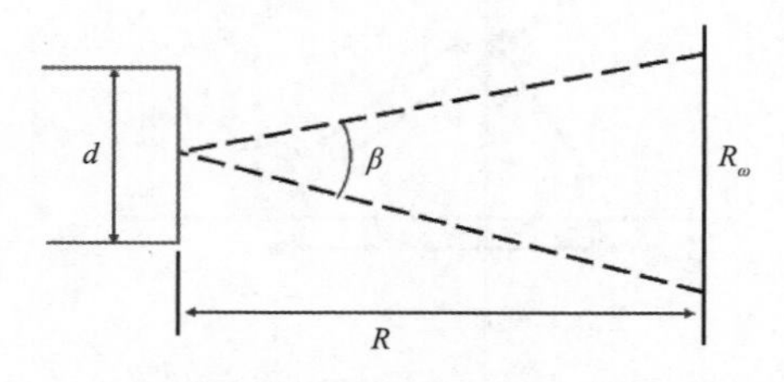

图 3.25　侧视雷达方位向分辨率

3.5.2　合成孔径雷达

合成孔径雷达(Synthetic Aperture Radar，SAR)是一种现代高分辨率成像雷达，是利用孔径合成原理和脉冲压缩技术，以真实的小孔径天线获得距离向和方位向高分辨率遥感成像的雷达系统。图 3.26 表示了合成孔径雷达系统的观测几何。由图可见，与真实孔径雷达不同 SAR 波束相对较宽，相邻的波束扫描地面足迹之间是相互交叠的。

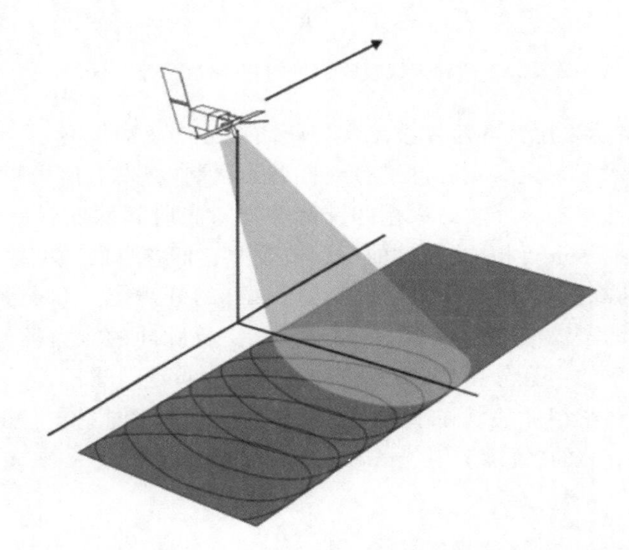

图 3.26　合成孔径雷达扫描几何关系示意图

最初的真实孔径雷达系统设备相对较为简单，但其方位向分辨率受到天线尺寸的限制，要想得到较高方位向分辨率就需采用较大孔径的天线，受制于雷达系统及运载平台的限制，不可能无限制地增加天线孔径大小。合成孔径技术的基本思想是用一个天线沿一直线方向移动，在移动中每个位置上发射一个信号，接收相应发射位置的回波信号存储下来。存储时必须同时保存接收信号的振幅和相位。当天线移动一段距离 L_s 后，存储的信号和长度为 L_s 的天线阵列诸单元所接收的信号非常相似(图 3.27)。

合成孔径雷达是一种高分辨率相干成像雷达。高分辨率包括高方位向分辨率和高距离向分辨率，采用以多普勒频移理论和雷达相干为基础的合成孔径技术来提高雷达的方位向分辨率，而距离向分辨率的提高则通过脉冲压缩技术来实现。

由真实孔径雷达距离向分辨率决定因素可知，要提高距离向分辨率要求成像雷达系统尽可能使用短脉冲，根据雷达方程就需要尽可能使用高峰值功率发射机，而且功率的提高所带来的分辨率的提高是极为有限的，尤其对于星载成像雷达更为困难。

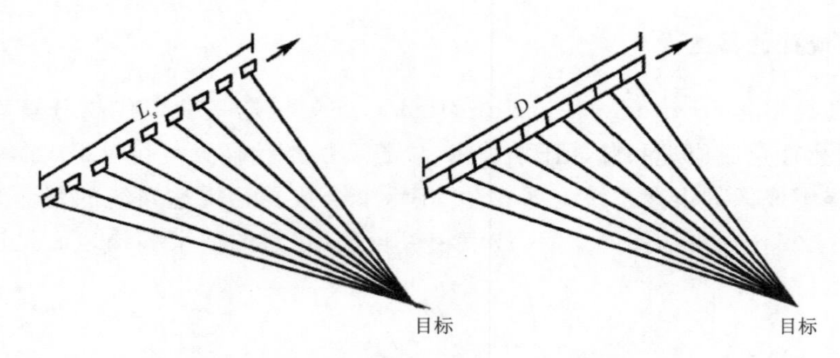

图 3.27　两种天线接收信号的相似性(舒宁,2003)

因此,合成孔径雷达采用脉冲压缩技术实现距离向分辨率的提高。

脉冲压缩技术即首先对宽脉冲进行线性调频调制,将发射信号频率"编码",随时间的变化频率线性增加。接收时采用匹配滤波器对先收到的低频信号进行延迟,将回波信号和原始信号进行相关,脉冲的不同被按照它们各自的频率模式分辨出来,最终达到窄脉冲、高峰值功率的简单脉冲雷达所具有的分辨能力和探测性。这种技术利用了雷达系统的谱滤波能力,和人耳分辨相互交叠脉冲的能力类似——人耳可将各种不同瞬时频率的声音分离处理,就像在交响乐中可区分出不同乐器的声音一样。

决定距离向分辨率的关键在于匹配滤波器对特定回波进行定位的能力。调频脉冲(啁啾信号,Chirp)的"锐度"(Sharpness)可用有效脉冲长度 τ_e 来表征,它是脉冲带宽 B_p 倒数:

$$\tau_e = 1/B_p \tag{3.33}$$

带宽为整个 Chirp 信号的频率范围:

$$B_p = v_2 - v_1 \tag{3.34}$$

距离压缩比 C_R 为实际脉冲长度与压缩脉冲长度的比值:

$$C_R = \tau_p / \tau_e = \tau_p B_p \tag{3.35}$$

因此,SAR 成像雷达的距离向分辨率为:

$$\rho_r = c/2B_p \tag{3.36}$$

可见,SAR 距离向分辨率不再依赖脉冲长度,而是取决于其带宽,即随着频率变化范围的增加而提高。也因此,在雷达性能指标描述中有时直接利用带宽而不是距离向分辨率。

在方位向分辨率方面,SAR 系统采用基于多普勒频移理论为基础的合成孔径技术来得以有效提高。多普勒频移(Doppler Effect)是指当观测目标与观测者之间存在相对运动时,观测者接收到的频率与目标波源发出的频率不同,二者之差为多普勒频移。当相互接近时,频率增加,相互远离时频率减少(图 3.28)。运动目标的多普

勒频移(单位:s^{-1})可用式(3.37)表示:

$$f_d = V_{rel}/\lambda \tag{3.37}$$

式中,V_{rel}是相对运动速度,λ 是波长。

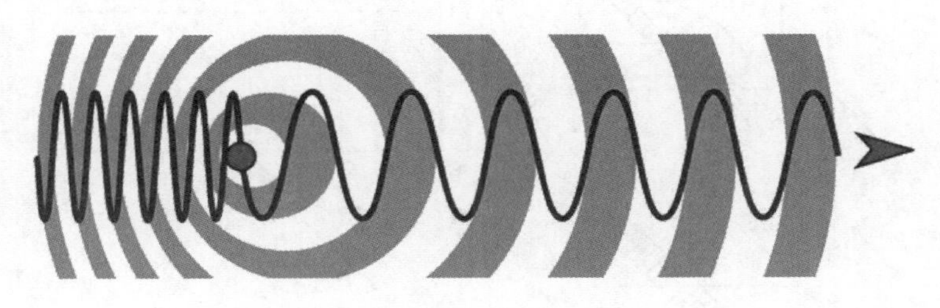

图 3.28　多普勒频移示意图

因为 SAR 平台是连续运动的,平台与目标之间的相对移动导致回波频率的变化。由图 3.29 所示,在目标进入雷达扫描波束时相互接近且相对移动速度最快,当目标与雷达连线同运动方向垂直时,相对移动速度为零,之后目标与平台又相互远离,直到目标离开波束时相对远离速度达到最高。可见,在波束前半部分,目标的回波发生向高频频移的多普勒频移;后半部分则发生向低频的频移,频移越大,代表回波离波束中心越远,因此天线足迹可以被划分为一系列等多普勒频移的单元。雷达波束扫过给定目标,其回波频率将相应改变。

距离向上基于脉冲压缩技术,采用等效脉宽为 Chirp 带宽 B_D的倒数。类似的,传感器分辨时间上不同信号的能力 ρ_t (单位:s)为:

$$\rho_t = 1/ B_D \tag{3.38}$$

式中,B_D为多普勒带宽,在方位向上需要确定该时间分辨率对应的方位向距离(单位:m),对式(3.38)乘以方位向的相对移动速度 V_s,有:

$$\rho_a = V_s/ B_D \tag{3.39}$$

式中,V_s为方位向速度,即平台的运动速度。由式(3.39)可见,只要确定了多普勒频移的带宽 B_D就可得到方位向分辨率。而回波频率变化最大的时刻对应于传感器与目标之间的相对速度最大的时刻,即分别在目标进入和离开波束时。

SAR 多普勒效应的平面图如图 3.30 所示,该图以雷达为视角绘制,因此图示目标为沿着 x 轴(方位向)运动的。由图 3.30 可见,当目标进入波束时,相对速度 V_{rel}为(单位:$m \cdot s^{-1}$):

$$V_{rel} = V_s \sin \theta_a \tag{3.40}$$

该时刻对应的多普勒频移为:

$$f_D = 2 V_{rel}/\lambda \tag{3.41}$$

式中,λ 为发射波长,2 倍因子是因为在发射和接收过程中有 2 次多普勒频移。随着

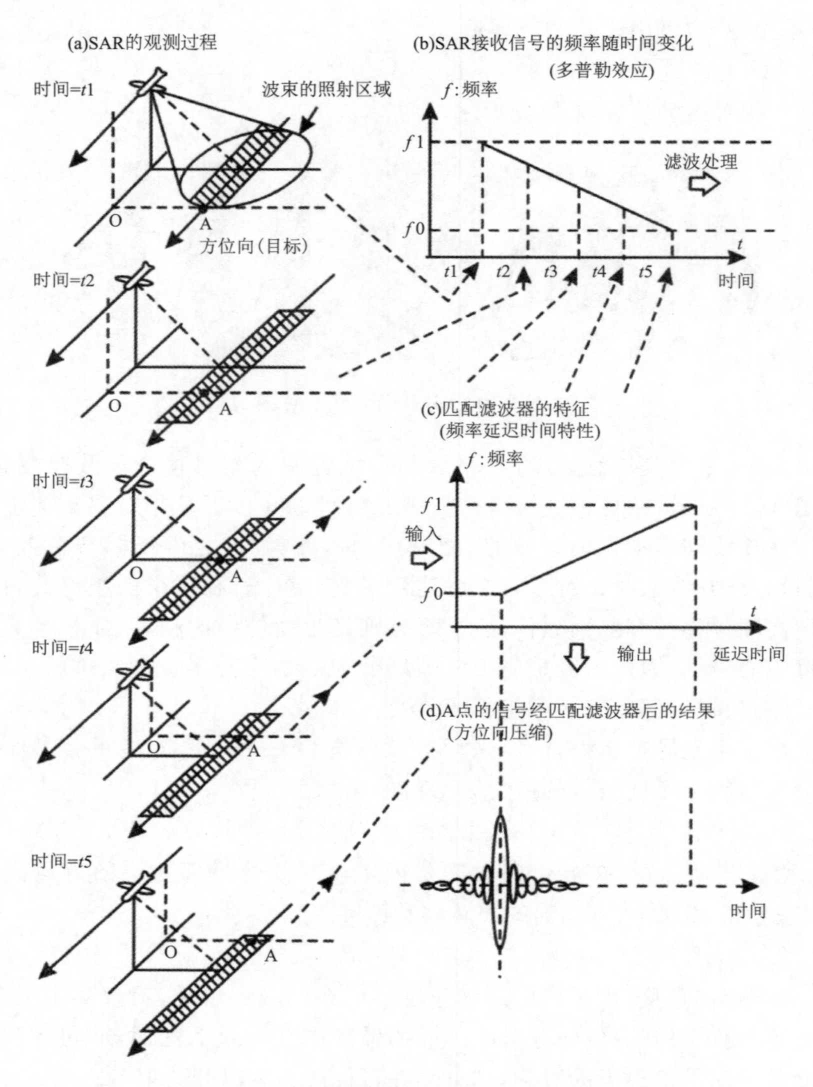

图 3.29　利用多普勒效应的 SAR 工作原理

目标点逐渐进入波束，多普勒频移逐渐减小，当波束中心位于零多普勒线(垂直于飞行路径)，其相对速度为零；而当离开波束时，其相对速度则为$-V_{rel}$。据此，回波频率的多普勒变化范围可以表示为$[f_0-f_D, f_0+f_D]$的区间，其中为f_0发射脉冲(中心)频率。据此，总带宽(单位：Hz)为：

$$
\begin{aligned}
B_D &= (f_0+f_D)-(f_0-f_D) \\
&= 2f_D
\end{aligned}
$$

$$
\begin{aligned}
&= 4V_{\mathrm{rel}}/\lambda \\
&= 4V_{\mathrm{s}}\sin\theta_a/\lambda
\end{aligned}
\tag{3.42}
$$

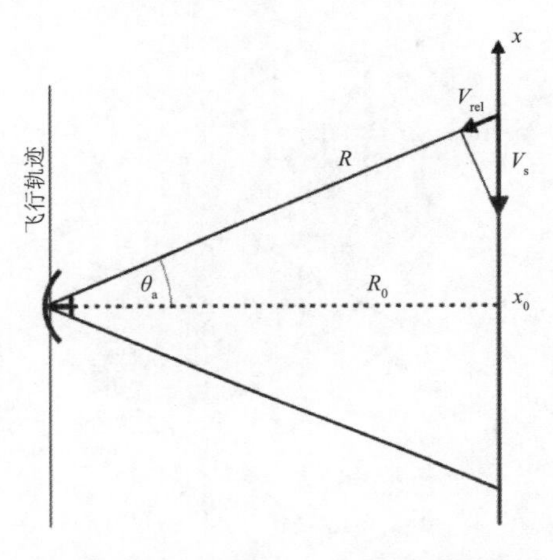

图 3.30　合成孔径的多普勒解释平面图

式中，θ_a 为长度为 D 的真实孔径天线扫描波束波瓣角的一半，在卫星雷达遥感中，因为 θ 角是一个极小的值，当 θ_a 极小时，其正弦值约等于其本身，即：

$$\sin\theta_a \approx \theta_a \tag{3.43}$$

而 θ_a 由雷达真实孔径及波长确定，即：

$$\theta_a = \lambda/(2D) \tag{3.44}$$

据此，将 B_{D}代入式(3.44)，并整理得：

$$
\begin{aligned}
\rho_{\mathrm{a}} &= V_{\mathrm{s}}/B_{\mathrm{D}} \\
&= V_{\mathrm{s}}\lambda 2D/4V_{\mathrm{s}}\lambda \\
&= D/2
\end{aligned}
\tag{3.45}
$$

式(3.45)表明，合成孔径雷达方位向分辨率与距目标距离和探测波长无关，理论上，对于一个经过优化的 SAR 系统，其方位向分辨率是雷达天线真实孔径长度 D 的一半。而实际上，优化 SAR 系统使其达到这样的性能并不容易，需做一系列的折衷，比如功率需求，小孔径天线功率增益较低等，导致实际的 SAR 系统难以达到理论上的最优值。如 ERS-1 SAR 天线长度为 10 m，理论上方位向分辨率能达到5 m，而实际的方位向分辨率则为 25 m。

SAR 系统提高方位向分辨率的另一种途径是采用“聚束”工作模式。如图 3.31 所示，通过 SAR 系统相控阵天线扫描波束的转向能力，可以在系统飞行过程中使天线波束的地面足迹始终照射同一区域，这样在该区域就获得了比正常 SAR 系统长得多的逗留时间，相应增加了合成孔径的长度，使得方位向分辨率得以提高。聚束工作

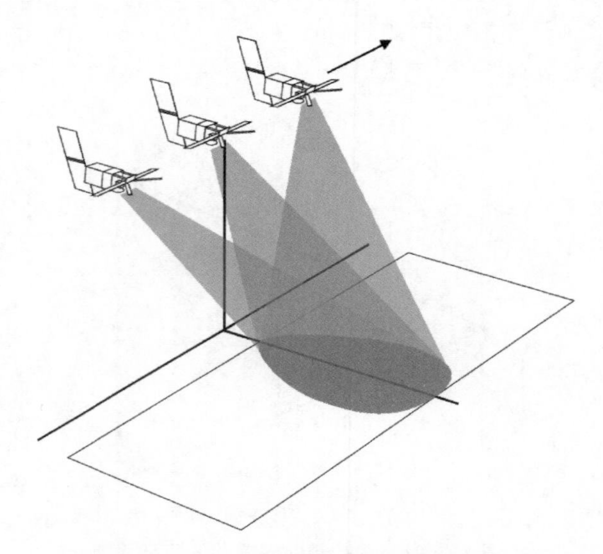

图 3.31　SAR 系统聚束工作模式示意图

模式提高了聚焦照射区域的分辨率，但同时也造成了沿飞行轨迹方向上覆盖区域的回波缺失，即在该区域之前和之后的区域是无法成像的。

3.6　空间微波遥感系统

3.6.1　机载雷达遥感系统

机载 SAR 是星载 SAR 技术发展的基础，其具有较高的机动性和灵活性、费用较低、易于维护、可实时成像等特点。因此，世界上很多国家都先后研制了机载 SAR 和无人机 SAR 系统，美国、中国、加拿大、德国等都拥有机载 SAR 系统(图 3.32)。机载 SAR 应用范围较广，分辨率也不断提高，已由几十米发展到现在的亚米级。

(1)AIRSAR 系统

1985 年，NASA 喷气推进实验室(Jet Propulsion Laboratary，JPL)成功研制了第一台机载极化雷达——CV990 机载成像雷达，该雷达只有单波段(L)，是目前所有极化雷达的原型。1988 年，JPL 又成功研制了多波段机载极化雷达 AIRSAR(表 3.1)，AIRSAR 是左视雷达，同时工作在 3 个波段：C 波段(5.6 cm)、L 波段(25 cm)和 P 波段(68 cm)。有三种工作模式：极化雷达模式(POLSAR)，提供三个频段的高质量极化数据；距离向(Cross track)干涉测量模式，采集 C、L 波段的数据产品生成数字高程模型，获取地球表面高精度数字高程模型；方位向(Along track)干涉雷达模式，可用于探测海洋洋流的运动。AIRSAR 系统的 TOPSAR 干涉测量模式是第一个机载双天线干涉系统，采用 VV 极化方式，基线长度 2.58 m，基线角 62.77°，InSAR 系统高程的精度可以达到 2～3 m，所有的 TOPSAR 干涉测量均具有单基线和双基线模式。AIRSAR 系统进行了多次飞行试验，获取了美国本土和其他国家的熔岩、森林、农田、滨海、海洋等诸多应用领域的地表信息。

图 3.32　机载微波遥感系统

(a)美国 AIRSAR；(b)加拿大 CV-580；(c)中国 L-SAR；(d)德国 DOSAR

表 3.1　AIRSAR 技术参数

搭载飞机	DC-8		
波段	P 波段	L 波段	C 波段
频率/波长	0.45 GHz/67 cm	1.26 GHz/23 cm	5.31 GHz/5.7 cm
极化方式	HH+HV+VH+VV	HH+HV+VH+VV	HH+HV+VH+VV
距离分辨率	7.5 m	3.75 m	1.875 m
方位向分辨率	1 m	1 m	1 m
带宽	10 km	10 km	10 km
视角	20°～60°	20°～60°	20°～60°
干涉方式	——	XTI、ATI	XTI、ATI
高程精度	——	2 m/10 m	1 m/5 m

(2)CV-580 SAR 系统

CV-580 机载多波段极化雷达是加拿大遥感中心(CCRS)于 1992 年研制成功的装载于 Convair580 载机上的多波段极化雷达系统(表 3.2)。其具有星下点、窄幅和宽幅三种成像条带模式,成像条带宽度分别为 22 km、18 km、63 km。飞机上装有 2 个天线,具有 C 和 X 两个工作波段,可同时工作获取雷达数据。X 波段具有 HH、VV 两种同极化成像能力,C 波段具有 HH、HV、VV 和 VH 四种极化成像方式和极化测量、干涉测量能力,全极化测量同时接收相干回波信号的振幅和相位信息。干涉测量有垂直距离向干涉测量和顺轨方位向干涉测量能力。CV-580 还装载了较完备的定标设备,为定量化应用提供精确的雷达遥感数据。1993 年,加拿大遥感中心发起了基于 CV-580 SAR 的全球雷达遥感计划(GlobeSAR),中国作为该计划的重要成员与其他 11 个国家共同开展了该项机载雷达遥感合作计划,进行了 Radarsat 数据的模拟和应用研究工作。

表 3.2　CV-580 SAR 在 GlobeSAR 极化中的系统参数

系统参数	C 波段	X 波段
频率/GHz	5.3	9.25
波长/cm	5.66	3.24
峰值功率/kW	16	6
极化	全极化	HH、VV
干涉测量	C－VV	
分辨率(方位向 m×距离向 m)		
星下点模式	6×6	6×6
窄幅模式	6×6	6×6
宽幅模式	20×20	20×10

(3)L-SAR 系统

L-SAR 系统为中国科学院电子学研究所研制的机载 L 波段合成孔径雷达系统,该系统在 1997—1998 年进行了应用飞行试验,成功获取了中国第一批 L 波段陆地和近海海面 SAR 影像,并在 1998 年长江特大洪水监测中发挥了重要作用。L-SAR 有两种工作模式(表 3.3),A 模式为模拟模式,与星载 SAR 工作状态完全相同,因而图像几何关系、空间分辨率等参数与星载 SAR 相似,B 模式为应用模式,雷达的作用距离较远,测绘带较宽,距离分辨率较高,用于机载 SAR 应用试验研究。

表 3.3　L-SAR 系统工作参数

模式	A	B
飞行高度/km	6	6
入射角/°	20～55	66.42～78.46
斜距范围/km	6～10	15～30
斜距测绘带宽/m	4	15
斜距分辨率/m	3	3
地距分辨率/m	8.8～3.7	3.3～3.1
方位分辨率/m	3	3
飞行速度/km·h^{-1}	550	550

(4)德国 E-SAR、DO-SAR 雷达系统

E-SAR 是德国宇航院无线电技术所从 1980 年开始研制的 UC 波段机载 SAR 系统(表 3.4)。该系统的分辨率可达 2 m 以下,并能进行实时成像。E-SAR 系统已广泛进行科学试验研究。DO-SAR 是由德国 Dornier 公司和瑞士苏黎世大学合作研制的机载双天线干涉仪测高 SAR(表 3.5),有 C(3D 成像)、X、Ka(2D 成像)三个波段。天线增益不高,为了获得清晰图像,只能进行中低空飞行,第一次试飞是在 1994 年 5 月瑞士西北部。

表 3.4　E-SAR 技术参数

搭载飞机	Dornier DO-228				
波段	X	C	S	L	P
频率	9.6 GHz	5.3 GHz	3.3 GHz	1.3 GHz	450 MHz
波束方位宽度	17°	19°	20°	18°	30°
波束俯仰宽度	30°	33°	35°	35°	60°
极化	H 和 V	H 和 V	H 和 V	H 和 V	H 和 V

表 3.5　DO-SAR 技术参数

搭载飞机	Dornier DO-228		
波段数	3		
波段	C(3D 成像)	X(2D 成像)	Ka(2D 成像)
载频	5.3 GHz	9.6 GHz	35 GHz
极化方式	VV. VH,HV,HH	VV. VH,HV,HH	HH
干涉极化方式	VV	——	——
水平分辨率	1～3 m		
量化级	8 bit(I/Q)		
绝对高程精度	2～5 m		
可操作高度	100～3600 m		

3.6.2　航天飞机雷达遥感系统

(1)SIR-A

1981 年 11 月 12 日，NASA 在美国肯尼迪航天中心利用哥伦比亚号航天飞机将 SIR-A 送上太空，该任务为期 3 d，于 1981 年 11 月 14 日降落在位于加利福尼亚州的爱德华兹空军基地，这是航天飞机第二次飞行试验，同时也是航天飞机的第一次有效载荷实验飞行。由表 3.6 所示，SIR-A 是一部 HH 极化 L 波段合成孔径雷达(SAR)，以光学记录方式成像。SIR-A 共获取 7.5 h 的数据，对 1000 万 km^2 的地球表面进行了测绘，获得了大量信息，其中最著名的是发现了撒哈拉沙漠中的地下古河道，引起了当时国际学术界的震动。它是构成 NASA(OSTA-1)的一个组成部分，主要目的是获取地表信息，并作为地球观测的科学平台。

表 3.6　航天飞机系列雷达系统参数

系列	SIR-A	SIR-B	SIR-C
发射日期	1981.11.12	1984.10.5	1994.4.9/1994.9.30
持续时间/d	3	8	10
轨道高度/km	259	225	225
频率/GHz	1.275(L)	1.282(L)	1.25(L)、5.3(C)、9.6(X)
极化方式	HH	HH	HH、HV、VV、VH X 波段仅有 HH
入射角/°	47	15～60	15～60
幅宽/km	50	10～60	15～90；X 波段 15～40
方位分辨率/m	40	25	25
距离分辨率/m	40	15～45	15～25

(2)SIR-B

1984 年 10 月 5 日，NASA 利用挑战者号航天飞机将 SIR-B 送上太空，该任务代号为 STS-41G，到 1984 年 10 月 13 日，为期一周。SIR-B 也是一部 HH 极化 L 波段合成孔径雷达(SAR)，与 SIR-A 系统的主要区别是装备的天线可以机械倾斜，从而有 15°到 60°的可变视角，可以在轨道上对目标以不同视角情况下获取其后向散射特性。此外 SIR-B 还提供了雷达立体图像，可用于制作地形图和生成数字高程模型。

(3)SIR-C/X-SAR

SIR-C/X-SAR 是在 SIR-A、SIR-B 基础上发展起来的(图 3.33)，1994 年 NASA、德国航空航天中心(DLR)和意大利航天局(ASI)共同进行了航天飞机成像雷达飞行任务，分别在 1994 年 4 月 9 日至 20 日、9 月 30 日至 10 月 11 日进行了两次飞行。SIR-C 为双频雷达，分别为 L 波段(23.5 cm)和 C 波段(5.8 cm)，采用全极化(即 HH、HV、VH、VV)方式，C 波段天线采用微带缝隙波导天线，由 18 个面板组成，每个面板有 28 个 T/R 组件，共 504 个 T/R 组件，总尺寸为 12.0 m×3.7 m。L 波段同样由 18 个面板组成，不同的是每个面板有 14 个 T/R 组件，共 252 个 T/R 组件。X-SAR 是由 DLR 和 ASI 共同建造的，为单频雷达(X 波段，3.1 cm)，采用 VV 极化方式。

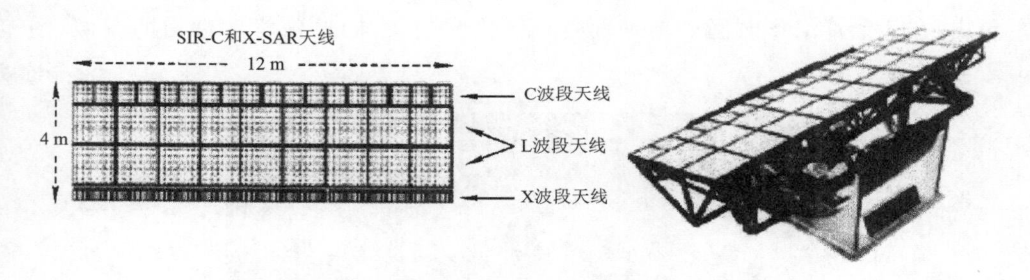

图 3.33　SIR-C 天线设计图

SIR-C 首次实现了利用多频、多极化雷达从空中对地球进行观测(图 3.34)，基于 SIR-C 雷达开展了利用雷达数据对植被、土壤湿度、海洋动力学、火山活动、土壤侵蚀和沙化等多项科学研究工作。

图 3.34　SIR-C 雷达系统与不同波段极化影像

3.6.3　星载雷达遥感系统

(1)Seasat-A

1978 年 6 月 27 日,NASA 从范登堡基地发射了 Seasat-A 卫星,首次装载了合成孔径雷达,工作在约 800 km 的高度上,卫星飞行 105 d 后,由于电源系统故障,于 1978 年 10 月 10 日终止了飞行使命。其间,Seasat 系统共工作 500 次,每次 5～10 min,以 25 m 的分辨率对地球表面 1.2 亿 km^2 的面积进行了测绘,实现了全天时、全天候工作。Seasat-A 标志着 SAR 技术进入到空间领域,开创了星载合成孔径雷达的历史,在 3 个月工作时间内向地面传回了大量有关陆地、海洋和冰面的图像(图 3.35)。

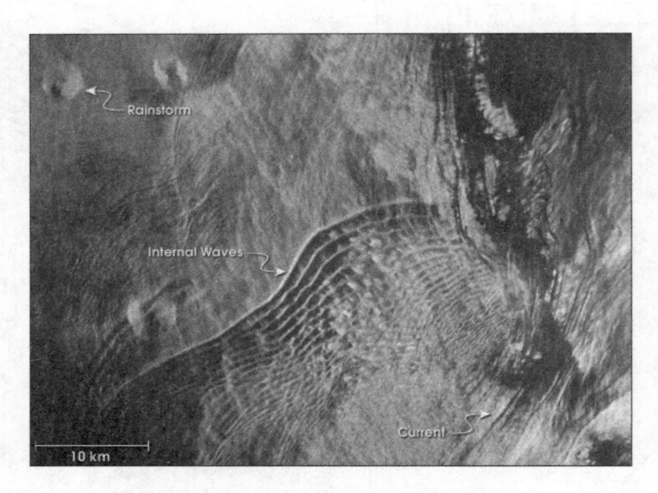

图 3.35　Seasat-A 雷达卫星图像

(2)ERS-1/2

ERS-1 和 ERS-2 是欧洲航天局分别于 1991、1995 年发射的资源卫星,星上携带有多种有效载荷,包括合成孔径雷达(SAR)和风散射计等,其中 SAR 成像雷达采用 C 波段,可以实现 26.3 m×30 m 的空间分辨率对地观测成像。由于 ERS-1/2 采用了先进的微波遥感技术来获取全天候、全天时影像,相比传统的光学遥感图像有着独特的优点。

(3)ENVISAT-1

2002 年欧洲航天局成功发射环境卫星 ENVISAT-1。ENVISAT-1 上搭载的有效载荷之一——先进合成孔径雷达(Advanced Synthetic Aperture Radar,ASAR)设计为多模式工作方式,其中包括交替极化模式,可使目标同时以垂直极化和水平极化方式成像,以便更好地支持地球科学的研究,监测环境和研究气候变化的演化过程。

相对于上一代星载SAR雷达系统，新一代星载SAR系统在图像分辨率要求不断提高的情况下，多极化的工作模式是该系统重要工作模式之一。

(4)JERS-1

JERS-1 (Fuyo-1) 是由 NASDA/MITI/STA 三家共同负责完成的一个雷达卫星项目。NASDA/STA 负责卫星平台，MITI 负责载荷。卫星于 1992 年 2 月 11 日在 Tanegashima 空间中心发射升空。该卫星的主要用途包括地质研究、农业林业应用、海洋观测、地理测绘、环境灾害监测等。该卫星载有两个完全匹配的对地观测载荷：有源 SAR 和无源多光谱成像仪。其中 SAR 成像雷达采用 HH 极化，空间分辨率 18 m×18 m。

(5)Radarsat-1/2

Radarsat 是加拿大发展的商业对地观测雷达卫星，主要目的是监测地球环境和自然资源变化。1989 年加拿大航天局开始研制 Radarsat-1，并于 1995 年 11 月 4 日在范登堡美国空军基地发射成功，1996 年 4 月正式工作，是一颗兼顾商用及科学试验用途的雷达卫星。与其他 SAR 卫星不同，该雷达成像系统首次采用了可变视角的 ScanSAR 工作模式，以 500 km 的足迹每天可以覆盖北极区一次，几乎可以覆盖整个加拿大，每隔 3 d 覆盖一次美国和其他北纬地区，全球覆盖一次不超过 5 d。Radarsat-1 广泛用于海洋测绘、地质、地形、农业、水文、林业、沿海地图的绘制等。

Radarsat-2 是加拿大继 Radarsat-1 之后的新一代商用合成孔径雷达卫星，该星由 CAS(Canadian Space Agency) 和 MDA(MacDonald, Dettwiler and Associates Ltd)联合出资开发。为了保持数据的连续性，Radarsat-2 继承了 Radarsat-1 所有的工作模式，并在原有的基础上增加了多极化成像能力，3 m 分辨率成像，双边(Dual-Channel)成像和 MODEX(Moving Object Detection Experiment)。Radarsat-2 与 Radarsat-1 拥有相同的轨道，比 Radarsat-1 滞后 30 min。此外，Radarsat-2 还具有近实时的编程能力、左右视的能力和较强的星上存储能力，有效提高了数据质量。

(6)ALOS-1/2

ALOS-1(Advanced Land Observing Satellite)是日本地球观测卫星计划的一部分，是 JERS-1 与 ADEOS 的后继星，于 2006 年 1 月 24 日发射，至 2011 年 4 月 22 日停止运行。ALOS 卫星采用了先进的陆地观测技术，能够获取全球高分辨率陆地观测数据，主要应用于测绘、区域环境观测、灾害监测、资源调查等领域。ALOS-1 卫星载有三个传感器：全色遥感立体测绘仪(PRISM)，主要用于数字高程测绘；先进可见光与近红外辐射计-2(AVNIR-2)，用于精确陆地观测；相控阵型 L 波段合成孔径雷达(PALSAR)，拥有相对更强的穿透性能，可用于监测更大范围的细微地表形变，应用于灾害和地质监测遥感。ALOS 卫星采用了高速大容量数据处理技术与卫星精确定位和姿态控制技术。

ALOS-2 卫星于 2014 年 5 月 24 日发射，作为日本新一代陆地观测卫星，ALOS-2 舍弃了光学相机，仅保留了 PALSAR-2 雷达传感器。传感器性能得到了进一步的提升，具有更高的灵敏度，在夜间和恶劣天气下也可进行观测，具有条带模式（Stripmap）、聚束模式（Spotlight）、扫描模式（ScanSAR）三种工作模式，最高分辨率可达 1 m×3 m。卫星具有双向侧摆能力和更短的重访周期，其观测范围是第一代 ALOS 的 3 倍，通过机身倾斜可达 2320 km。

（7）SAR-Lupe

1998 年，德国启动 SAR-Lupe 系统研究工作，该星座由 5 颗相同的 X 波段雷达卫星组成，分布在 3 个不同的轨道上，每颗卫星重约 770 kg，主要用于军事侦察。2008 年 7 月，SAR-lupe 系统的最后一颗 SAR 卫星入轨标志着欧洲 SAR 军事侦察卫星完成组网，是欧洲天基侦察能力发展的一个重要里程碑，欧洲从此具备独立、全天时、全天候、高分辨率的军事侦察能力。SAR-Lupe 具有条带和聚束两种成像模式，可获取多种分辨尺度的 SAR 遥感图像，得益于其高精度平台控制能力，其聚束模式可通过平台姿态控制实现，获取 0.5 m 分辨率、5.5 km×5.5 km 大小观测区域的图像。

（8）TerraSAR-X、TanDEM-X

TerraSAR-X 雷达卫星是由德国航空航天中心（Deutsches Ientrum für Luft-und Raumfahrt, DLR）与 EADS Astrium 公司共同开发，为 TerraSAR 系列的第一颗商用卫星，其卫星上搭载着 X 波段合成孔径雷达，为一颗主动式遥测卫星。TerraSAR-X 于 2007 年 6 月 15 日成功发射，空间分辨率可以高达 1 m，该卫星在条带成像模式下可提供单极化或双极化（HH、VV、VH、HV）的 SAR 数据产品。TanDEM-X 是 TerraSAR-X 卫星的后续星，于 2010 年 6 月 21 日成功送入预定轨道。该卫星使用创新型雷达干涉仪对地球进行测绘，可以提供高精度数字高程模型。TanDEM-X 卫星在轨道上与 TerraSAR-X 卫星协同工作，利用一前一后的阵型，通过从相距几千米到 200 m 的编队飞行，构成雷达干涉测量系统，实现对地球陆地表面高程的测量。高程数据在 12 m 宽的网格上精度小于 2 m。

（9）Sentinal-1 卫星

Sentinel-1A 卫星是欧洲航天局哥白尼计划（GMES）发射的首颗地球环境监测卫星，于 2014 年 4 月 3 日成功发射。卫星在近极地太阳同步轨道上运行，轨道高度 693 km，倾角 98.18°，轨道周期 99 min，重访周期 12 d，星上数据存储容量为 900 Gbit。为获取较好的干涉产品，Sentinel-1A 采用了严格的轨道控制技术，从而确保空间基线足够小，相干性增高，保证雷达卫星干涉测量的高精度要求。

Sentinel-1A 携带的 C 频段（5.4 GHz）合成孔径雷达，具有 VV、VH 两种极化模式，它继承了“欧洲遥感卫星（ERS）”和“环境卫星”合成孔径雷达的优点，具有全天候成像能力，具有 4 种成像模式：条带模式（SM）、干涉测量宽幅模式（IW）、超宽幅模式（EWS）、波模式（WV），最高分辨率可达 5 m，最大幅宽达到 400 km，具有短重访周期、快速产品生产的能力（图 3.36）。卫星采用预编程、无冲突的运行模式，可以实现全球陆地、海岸带、航线的高分辨率监测，也可以实现全球海洋的大区域覆盖，这也为全球及区域遥感、同一地区的长时间序列监测提供了技术支撑。同时，该卫星的全天候成像能力与雷达干涉测量能力相结合，能探测到毫米级或亚毫米级地表形变。

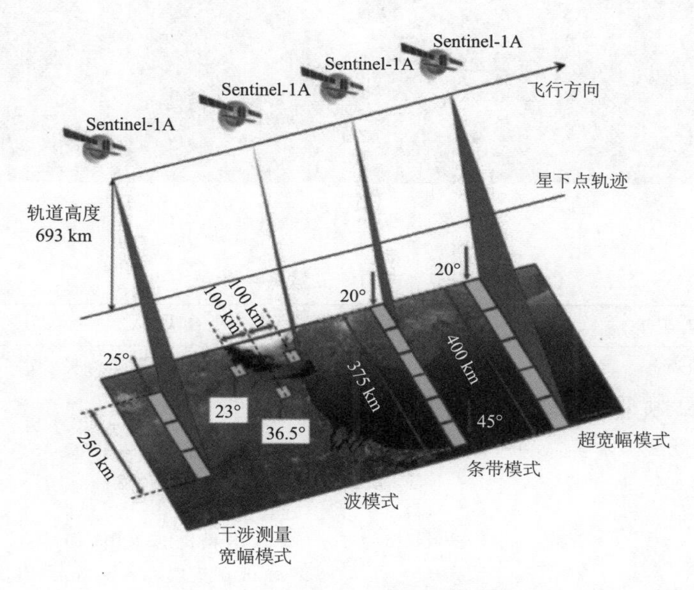

图 3.36　Sentinel-1A 雷达成像模式

（10）HJ-1C（环境一号 C 星）

环境与灾害监测预报小卫星星座是我国专门用于环境与灾害监测预报的小卫星星座，由 2 颗光学小卫星（HJ-1A、B）和 1 颗合成孔径雷达小卫星（HJ-1C）组成。其中，环境一号 C 星（HJ-1C）于 2012 年 11 月 19 日在太原卫星发射中心成功发射（图 3.37），是我国首颗民用雷达成像卫星，其有效载荷是 S 波段 SAR，运行高度为 500 km 左右的太阳同步轨道，卫星质量 850 kg，具有扫描和条带两种成像模式。其中扫描模式分辨率为 20 m，幅宽 100 km，条带模式分辨率 5 m，幅宽 40 km，具体参数如表 3.7 所示。

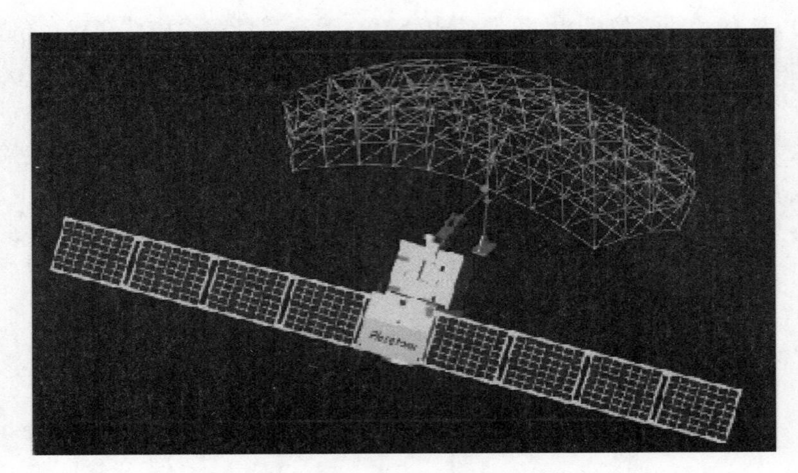

图 3.37　HJ-1C 卫星

表 3.7　HJ-1C 卫星系统参数

HJ-1C 卫星	参数
轨道	太阳同步，高度 500 km，倾角 97.37°
重访周期	31 d
极化方式	VV
干涉极化方式	VV
幅宽	ScanSAR 模式：95～105 km Stripmap 模式：35～40 km ScanSAR 模式：15～25 km Stripmap 模式：4～6 km
卫星质量	850 kg
载波频率	S 波段

第 4 章　微波遥感图像特性

微波遥感图像因为采用的电磁波波长与可见光、红外遥感的巨大差异，加上成像雷达采用主动方式工作，其特殊的成像方式导致微波遥感图像呈现出与可见光和红外遥感截然不同的特点，这些特点或差异主要体现在成像的几何特性、灰度特性等方面。只有充分理解和掌握微波遥感图像的这些特点，才能对图像信息作出正确解译和分析。在图像灰度特性方面，对于成像雷达影像灰度特点主要是地物目标回波强度的反映，而对于微波辐射计图像，则体现了地物目标亮度温度的特点。

4.1　成像雷达图像参数

成像雷达图像参数包括雷达系统工作参数和图像质量参数。雷达系统工作参数即成像系统的性能指标，是成像的基本条件；图像质量参数主要指图像的分辨率特征，它决定了图像上地物目标信息的可解译程度。

4.1.1　雷达系统工作参数

(1)探测波长

雷达系统的探测波长决定了雷达波的穿透能力，波长相对越长的微波对地物目标的穿透性越好。微波的穿透性能决定了目标回波信号中包含体散射及多路径散射效应的多少，如在植被特别是森林的探测上应尽量选用长波探测，以获得植被整个冠层的回波信息。此外，波长还是地面粗糙度的影响因素之一，对同一高差的地表扫描时，雷达波长越短，地表粗糙度相对越显得光滑，粗糙度的不同进而影响目标后向散射回波的强度。

(2)雷达波的极化方式

雷达波的极化方式不同，地物的回波响应也会不同。一般对于同一目标 HH、VV 和 HV 图像都会有明显差异，尤其是交叉极化图像与同极化图像的差异更大，VH 极化图像与 HV 这两种交叉极化图像一般相差不大，所以一般雷达系统较少设置该极化方式。某些地物的交叉极化回波具有显著特点,这对于地物目标信息提取和识别具有重要意义。

(3)波束入射角与照射带宽

雷达波束入射角不同,会导致对目标地物的扫描照射方向的差异(图 4.1),进而影响回波效果;当波束具备多视向时,可以获得地物的更多信息。雷达波扫描俯角是雷达波束与水平面的夹角,它与雷达波束入射角成互补关系。由于雷达波束在距离向上具有一定宽度,因而形成一个俯角范围,在这一范围内雷达波束照射的地面宽度成为照射带宽度,照射带内的同一类地物就可能对应着不同的俯角,从而产生不同的回波强度。

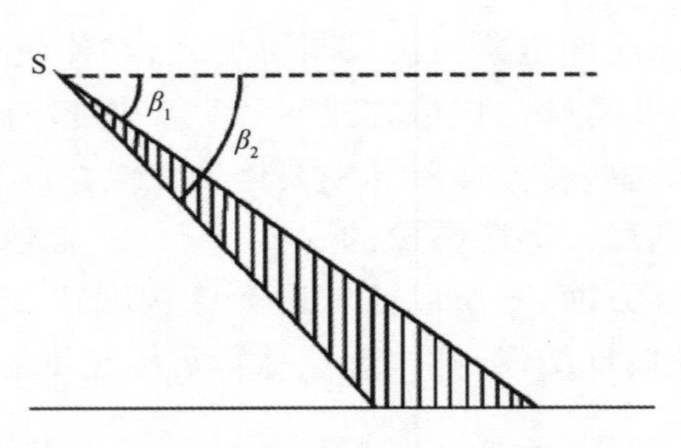

图 4.1　雷达波束扫描俯角与照射带

(4)雷达图像的显示方式

雷达图像有两种距离向上的显示方式,即地距显示和斜距显示。地距显示的图像各地物之间的相对距离与其对应的地面距离为一确定的比例,图像比例尺是一个常数,而斜距显示的图像在距离向上比例尺不是一个常数,而是随雷达波束扫描俯角的不同而不同(图 4.2)。

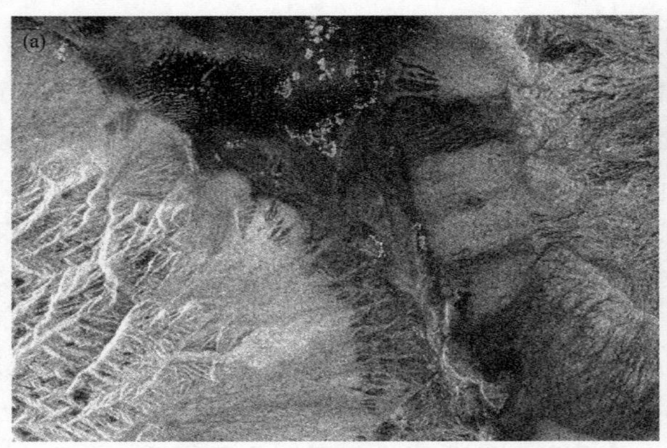

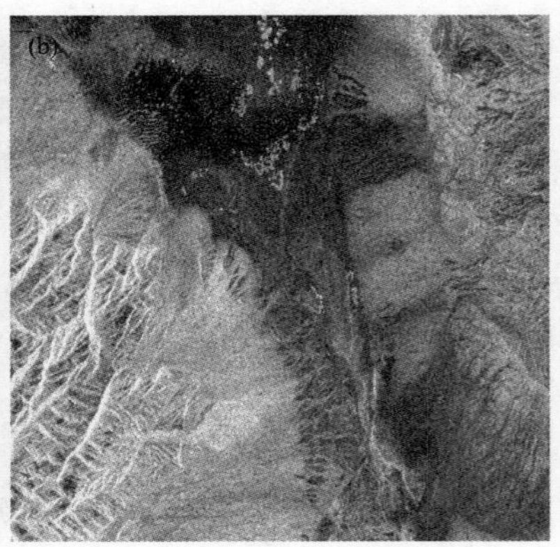

图 4.2　雷达图像的地距显示(a)和斜距显示(b)

雷达系统工作参数除上述之外，还有平台的飞行参数，如高度、姿态、成像时间和位置等，这些对图像应用也具有一定的参考意义。

4.1.2　雷达图像质量参数

(1)空间分辨率

空间分辨率指图像上可区分的两个地物目标的最小距离，在雷达图像上包括方位向分辨率和距离向分辨率，在描述时可以用方位分辨率×距离分辨率来表示，称为面分辨率。图像上不管方位向分辨率和距离向分辨率是否相同，只要面分辨率一样，图像解译的效果是相同的。

(2)灰度分辨率

灰度分辨率是图像上可分辨出两个地物目标的最小灰度对比度，在雷达图像上就是可区分的平均回波功率的最小差值。灰度是地物目标回波强度在图像上的反映，区分地物目标不仅有赖于空间分辨率，还取决于灰度分辨率的大小。

单独用空间分辨率或灰度分辨率都不能完全表达雷达图像可解译的程度，所以引入体分辨率的概念，即图像体分辨率＝空间分辨率×灰度分辨率。在雷达系统中，空间分辨率与灰度分辨率往往是相互制约的，所以采用体分辨率更能体现图像的解译能力。

雷达图像的灰度范围是可以检测的最强目标电平(对应于图像灰度最大值)到最弱目标电平的变化范围，可检测的最强目标通常由雷达成像系统的饱和电平所决定，最弱目标则由图像的背景噪声决定，通常最弱目标要比噪声高一个选定的信噪比因子(如 10 dB)。

地面目标的回波信号强度范围一般可达 100 dB 或更高，而胶片的动态范围一般不超过 20 dB，因此确定回波信号动态范围时，就需要做以下两个方面的考虑：一是考虑雷达波束旁瓣的影响，可检测的最强目标强度要高于旁瓣的能量；二是灰度最高值和最低值所对应的功率电平要规定一个概率范围，以克服地面上在一分布范围的目标回波信号的相干特性干扰，保证灰度动态范围在有效范围内。

(3)图像几何精度

图像质量参数还包括图像的几何精度，它是经过图像几何处理后所达到的精度，不同的几何校正处理算法不同，会有不同的精度结果。

4.2　雷达图像几何特性

不同于光学遥感图像基于中心投影的被动成像方式，成像雷达利用扫描波束向侧下进行主动扫描成像，这种成像方式的差异导致成像雷达图像与光学图像的几何特性也截然不同,某些图像变形特征甚至出现相反的趋势。要准确解译雷达图像,首先要准确理解雷达图像的几何特性。

4.2.1 斜距显示的近距离压缩

雷达图像分为方位向和距离向两个方向,在斜距显示的图像上方位向比例尺取决于飞行平台的速度和胶片或 CCD 记录的速度。理论上在该方向的比例尺是一个常量,而在距离向上,比例尺则不是一个常量,会因目标到雷达的不同距离而存在差异。

由图 4.3 可见,地物 AB 在雷达斜距图像上的成像 ab 的长度是由 AB 两点到天线的距离差 BC 决定的,而 $BC \approx R_g \times \cos\beta$,所以,在距离向上相同的地面距离由于距离传感器的距离远近不同,导致雷达波束扫描的俯角 β 不同,越靠近传感器端,斜距上距离差越小,图像上成像的距离 R_s 越短,相应的比例尺也变小,这就是雷达斜距成像的近距离压缩。

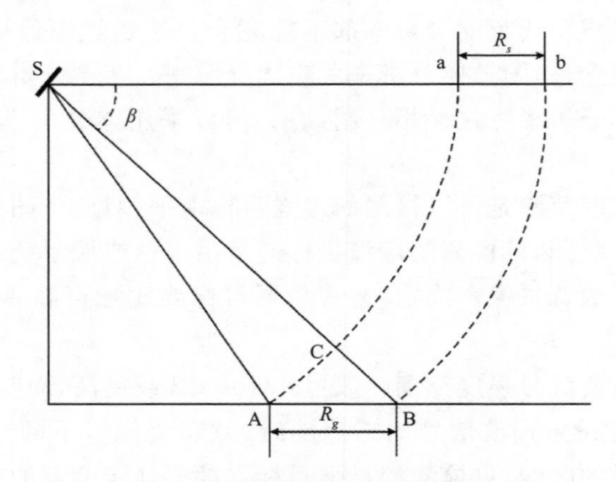

图 4.3 侧视雷达图像的斜距投影

图 4.4 中表示了地面上相同大小的地物 A、B、C 在斜距图像和地距图像上的投影。A 地物目标是距离雷达最近的地物,在斜距图像上被压缩得最严重,最远端的 C 地物目标压缩得最小,致使本来相同大小的地物在斜距图像上大小显示得不同了,造成图像的几何变形。

如果雷达图像为地距显示的图像,则在距离向上无变形现象,通常在雷达显示器的扫描电路中,加延时电路补偿或在光学处理中根据扫描俯角进行几何校正,便可以得到地距显示的图像。图 4.4 中显示的地距图像在距离向上没有变形,但这种情况只对于平地图像有效,如果是地面地形起伏区域,则地距显示的图像也会出现因地形起伏造成的变形。

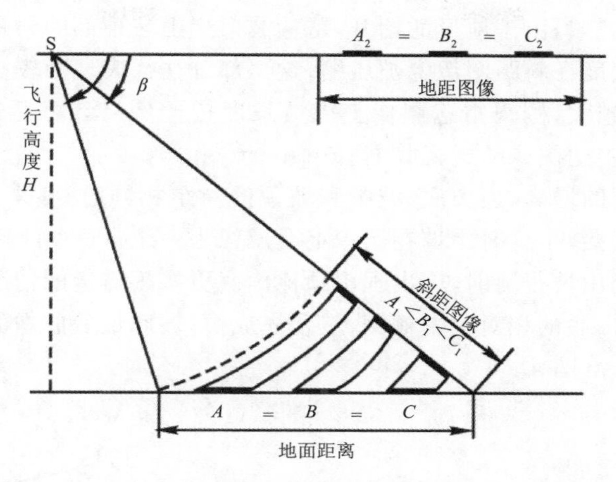

图 4.4　斜距投影的近距离压缩

4.2.2　雷达图像的透视收缩与叠掩

当地形起伏时，面向入射波的坡面会变短，即从山顶到山底的水平距离缩小，而背向入射波的坡面相对变长，即从山顶到山底的水平距离变大(图 4.5)。由图 4.6a

图 4.5　地形起伏区域雷达图像

所示，在地形起伏区域，由于地形的抬升，雷达波束到山坡顶部的斜距缩短了，导致山坡上面向雷达的长度在斜距图像上被压缩，这一部分往往表现为较高的亮度；山坡的坡度越大，收缩量越大，侧视雷达图像上山坡长度按比例尺计算后总会比实际长度短，这种现象称为雷达图像的透视收缩（Forshortening）。

随着山坡坡度的增高，当坡底、坡中和坡顶的斜距相同时，整个山坡雷达波束会同时返回被传感器接收，这时山坡在图像上会成像为一个点（图 4.6b）。

当面向雷达的山坡很陡时，则出现山顶比山底更接近雷达的情况，导致在图像的距离向上，山顶和山底的相对位置颠倒，坡顶先成像，坡底最后成像的现象，这种现象称为叠掩（Layover）（图 4.6c）。

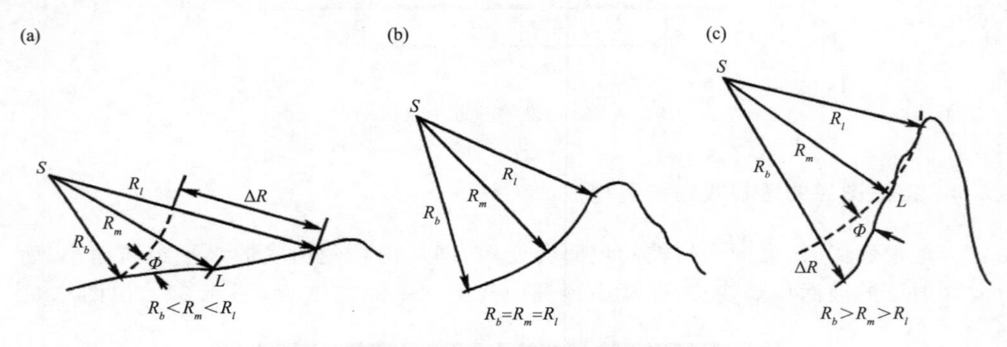

图 4.6 雷达图像斜坡成像示意图
(a)透视收缩；(b)成像为一点；(c)叠掩

4.2.3 雷达图像阴影

当山坡坡度较大时，雷达波束不能照射到后坡，因而无地物目标的回波信号，在图像相应位置就会出现暗区，这就会在图像上产生阴影（图 4.7）。当然，不是所有的山坡都会产生阴影，当背坡坡度角小于俯角时，整个背坡都能接收到波束，不会产生阴影（图 4.8a）。当背坡坡度角等于俯角时，波束正好擦过背坡（图 4.8b），这时则要看山坡背坡的粗糙度：如果山坡是平滑面，则不会有雷达波束，会产生阴影；如果山坡有起伏，则山坡面由于有树林等粗糙类地物存在，则有的地段可以产生回波，不会产生阴影；当背坡坡度角大于俯角时，雷达波则必然有到达不了的地面，会相应产生阴影（图 4.8c）。

在地形起伏较大的山区或城市的高耸建筑物区域，雷达图像阴影会造成阴影区地物目标信息的丢失，造成信息解译的不确定性，如图 4.9 所示（图中深黑色部分为无/弱雷达回波区），山区雷达图像阴影遮挡了山间部分的铁轨信息，很难判断中断的铁轨究竟是在阴影里还是穿隧道而过。因此，为了补偿阴影区丢失的信息，有时雷达成像可采用多视向雷达技术，使在一种视向的阴影区目标可在另一种视向的雷达图

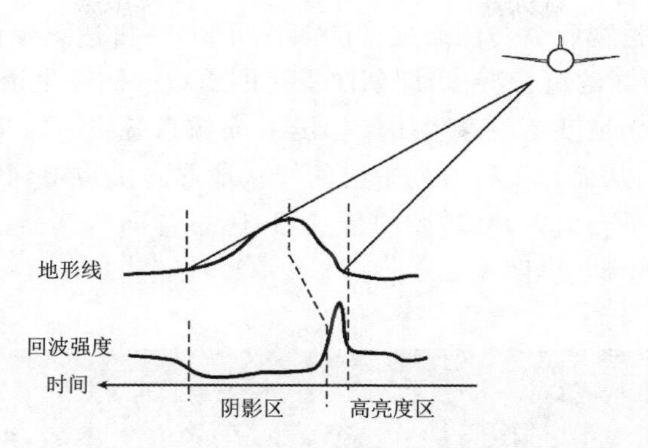

图 4.7　透视收缩与阴影的产生示意图

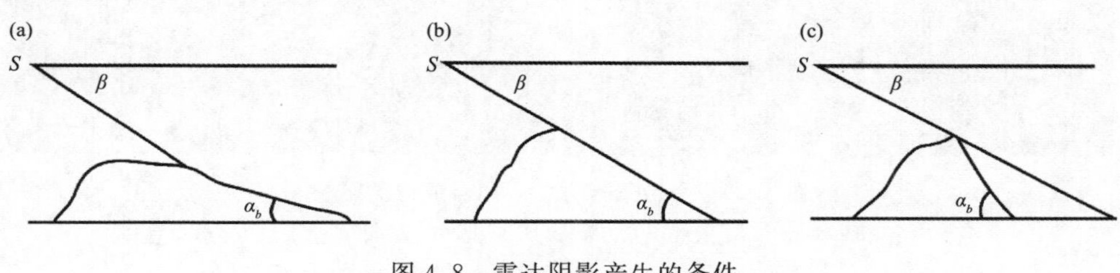

图 4.8　雷达阴影产生的条件

(a)$\alpha_b<\beta$;(b)$\alpha_b=\beta$;(c)$\alpha_b>\beta$

像上看到，有效避免地物目标回波信息的缺失。另一方面，有时雷达图像阴影也有助于目标信息的解译，如适当的阴影能够增强图像的立体感，丰富地形信息，对于了解地形地貌是十分有利的。此外可以根据阴影进行定量统计和对地形进行分类，还可进一步根据图像阴影判断雷达视向或飞行方向，根据阴影长度测量地物的高度等。

图 4.9　雷达图像阴影

根据雷达成像透视收缩与阴影成像的条件可知，在雷达图像上，山区地形起伏区域会表现为亮坡-阴影的组合特征，即朝向雷达的山坡一侧发生透视收缩，整体变亮；背向雷达波的一侧山坡变暗或产生阴影。随着成像系统飞行方向的不同，雷达波入射方位会随着改变，从而与飞行方向平行的线状地形起伏将得到突出——亮坡-阴影的组合总是平行于平台航向，亮坡朝向传感器，阴影背向传感器，并导致同一起伏区域图像特征也会发生改变(图 4.10)。

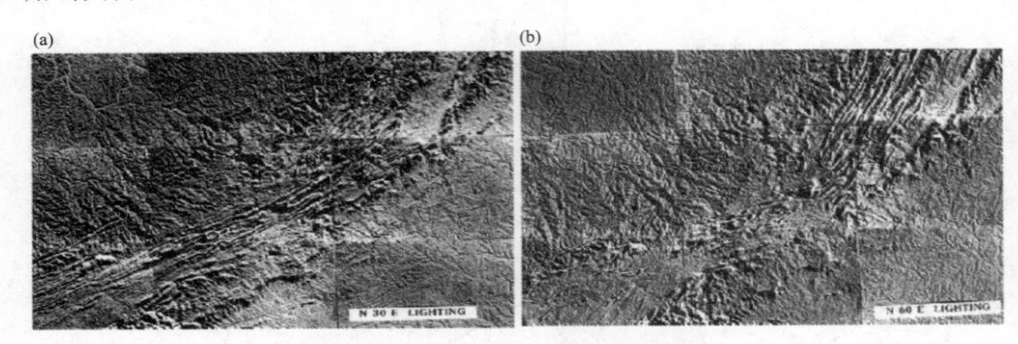

图 4.10　平台飞行方向不同对成像的影响
(a)东北 30°方向；(b)东北 60°方向

此外，还应注意到，雷达图像上地形起伏引起的像点的位移随着像点距离像底点的距离增大而减少，而在光学成像的框幅式图像上，像点位移随像点距离像底点的距离增大而增大。而且像点位移的方向也不同：在雷达图像上，高出基准面的目标像点位移方向是向着像底点方向，而在框幅式中心投影的图像上则刚好相反(图 4.11)。

4.3　雷达图像灰度特性

侧视雷达图像上的信息是地物目标对于雷达扫描波束的散射回波的反应，而且主要是地物目标后向散射形成的图像信息，即朝向雷达天线的那部分被散射的电磁波形成的图像信息。地物目标表面形态、介电性能、形状结构及所在位置都会影响雷达波的回波，同时雷达波束性质如波长、极化、入射角等的不同也会使地物产生不同的回波信号。因此，总体上说，雷达波的性质与地物性质共同决定了雷达图像上形成不同的色调与纹理。

4.3.1　雷达图像地物目标类型

地物目标在被雷达波束照射后，可能会发生反射、散射、穿透和吸收作用。如果雷达波能量全部被吸收，就不会产生回波信号。当雷达波束穿透目标时，穿透过程中

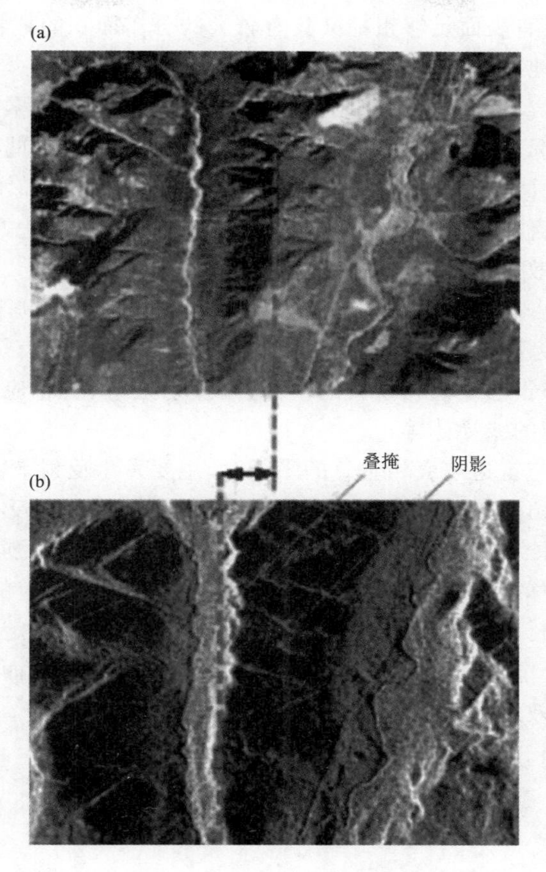

图 4.11　光学图像(a)与雷达图像(b)对比

部分能量会被反射或散射从而产生雷达回波。当反射或散射能量指向雷达天线时，就形成较强的信号。一般地物目标对雷达波束的反应是散射、反射、穿透和吸收并存，具体地物目标的结构、表面粗糙度和介电性能等的不同，会使得以上几种效应的强度也不同。

雷达图像地物目标可分为分布型目标、点目标和硬目标三种类型。

分布型目标又叫面目标，它由许许多多同一类型的物质或点组成。这些组成物质或点的位置分布是随机的，因而接收到的电磁波相位各不相同，回波初相也不一致，回波的振幅也是随机的，其中没有任何一个物点的回波散射可以在总回波功率中占主导地位。在雷达波束扫描这些点时，雷达天线所接收的电磁波回波信号往往形成周期性的信号，造成图像上这类地物最强信号到最弱信号的周期变化，灰度不是均匀分布，而是一系列的亮点和暗点相间的图斑，形成“光斑”效应。并非所有面状目标都是分布型目标，只有表面足够粗糙又具有较大的分布面积的地物才是分布型目标。如：大片的森林、草地或农田等。

点目标指比分辨单元小得多的地物目标，也就是在一个像素所对应的地块内比较小的独立地物目标，它与地块内周围地物不是一个类型。因此其回波与周围地物不同，在这个地块的回波信号中占据主导地位，典型的点目标如水面上的小船、沙漠里的孤立树等。点目标检测取决于点目标回波与背景回波之比，点目标所在像素的信号除了点目标的散射回波外，还有背景地物的贡献。

硬目标指既不占有相当面积，又不限制在分辨单元之内的地物，其回波信号在图像上往往表现为一系列亮点或一定形状的亮线。硬目标回波信号很强，出现该现象的原因有：目标有与雷达波束相垂直的平面、角反射效应、有相应于入射波频率的谐振效应、有合适指向的线导体等。

当地物目标有与雷达波束相垂直的平面时，主要发生反射效应，这时反射方向刚好指向雷达天线。角反射效应是指当地物目标存在由两个强反射面构成的直角时（图 4.12），雷达波束经过两次反射又按原方向返回，这样尽管波束并不与地物表面垂直，但由于角反射效应，也会产生强回波。能够产生谐振效应的地物目标，一般是金属等高介电常数材料所组成的地物，入射波的极化方向不一定与目标的长度方向平行，但只要有一个电场分量与它平行，就会产生谐振效应，从而产生强回波。线导体在没有形成谐振效应的条件时，也会产生很强的回波，特别是在雷达波束垂直于导线时，回波信号最强。

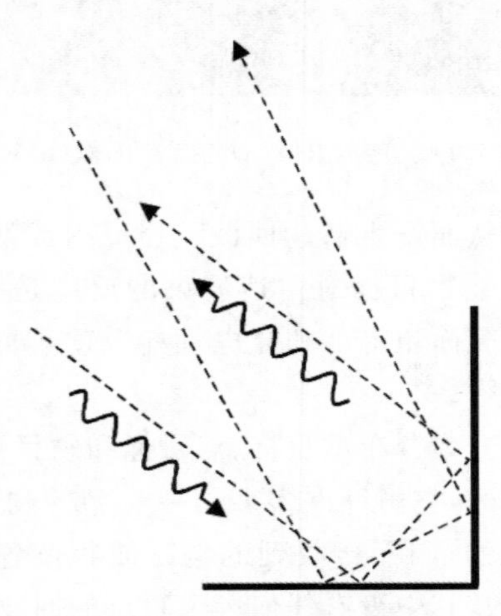

图 4.12　二面角反射示意图

总体上，硬目标回波具有很强的方向性，它与入射雷达波束和地物的相对方向有很大关系，只有在一定的相对方向条件下，才会产生硬目标回波，而且只要出现硬目标回波,必定是很强的回波。

4.3.2　雷达图像灰度的影响因素

雷达图像多为单波段图像,图像灰度及灰度空间变化形成的纹理是雷达图像信息提取的主要依据。雷达图像上的灰度是地物目标后向散射回波强度的表现,具体受地物目标本身的性质和雷达波的性质共同影响,具体因素包括地物目标表面粗糙度、复介电常数、次表面粗糙度、体散射、雷达波波长、入射角、极化方式和地物目标的参数方位角。

(1)表面粗糙度的影响

表面粗糙度指的是小尺度的粗糙度,即尺度比分辨单元的尺寸要小得多的地物表面粗糙度,它是决定目标回波强度的主要因素。粗糙度的定量表示指地物表面起伏高差的均方根值 h。

光滑表面产生镜面反射,反射规律遵循斯涅耳定律,即反射角等于入射角。这时几乎所有的反射能量都集中在以反射线为中心的很小的立体角角度范围内,几乎没有回波信号;对于稍粗糙表面,反射能量不再集中在反射线方向,而是在各个方向均有反射能量,这时雷达天线可以接收到少部分回波能量,但较为微弱;对于十分粗糙表面,反射能量在各个方向上均匀分布,即产生各向同性散射,雷达天线接收的回波相对较强。因此,一般情况下,粗糙表面在图像上的色调是亮色调,稍粗糙表面在图像上的色调是灰色调,而光滑表面在图像上的色调是暗色调。

目标地物表面是否粗糙是一个相对概念,同一表面雷达波长越长越显得光滑,波束入射角越大——波束越接近掠射,越显光滑(图 4.13)。地物表面是否粗糙可以依据瑞利判定准则来进行判定,瑞利判定阈值可以表示为:

$$h = \frac{\lambda}{8\cos\theta} \tag{4.1}$$

式中,h 为地面高度差,λ 为雷达波入射波长,θ 角为波束入射角。当 h 大于该值时定义为粗糙表面,反之为光滑表面。

瑞利判定准则对地物表面只划分了两个类型,相对于复杂地面来说,不能区分不同粗糙程度的表面。所以在此基础上,Peake 和 Oliver(1971)通过理论推导,进一步修改了瑞利准则,加入一个较粗糙表面,修改后的瑞利判据为,若:

$$h \leqslant \frac{\lambda}{25\cos\theta} \tag{4.2}$$

则定义为光滑表面,若:

$$h \geqslant \frac{\lambda}{4.4\cos\theta} \tag{4.3}$$

则定义为粗糙表面,地面高程 h 位于两阈值之间的表面则为较粗糙表面。

实际的地物目标如静止的水面、机场跑道、平铺的马路、平屋顶等可认为是光滑表面，一般几乎没有雷达回波，除非雷达波束入射角很小接近垂直入射，才可能产生回波信号。草地、森林、农田、翻耕地等一般属于粗糙表面，其中森林是典型的粗糙表面，表现为各向同性的散射。

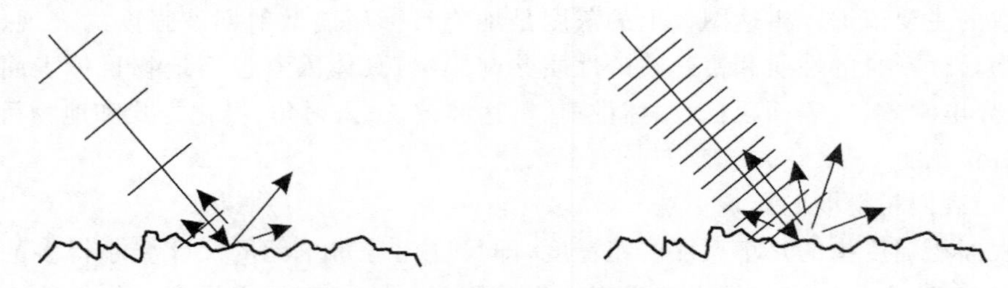

图 4.13　地物表面粗糙度与入射波波长的关系

表面粗糙度不仅影响雷达图像灰度，还影响地物回波强度对雷达波扫描俯角变化的敏感性。如图 4.14 所示，粗糙表面物体在整个雷达波束扫描俯角变化范围内回波强度整体变化不大，随俯角变化的趋势较为平缓，而光滑表面物体回波强度对扫描俯角变化较为敏感，特别在俯角接近 90°附近回波强度呈现急剧地降低。

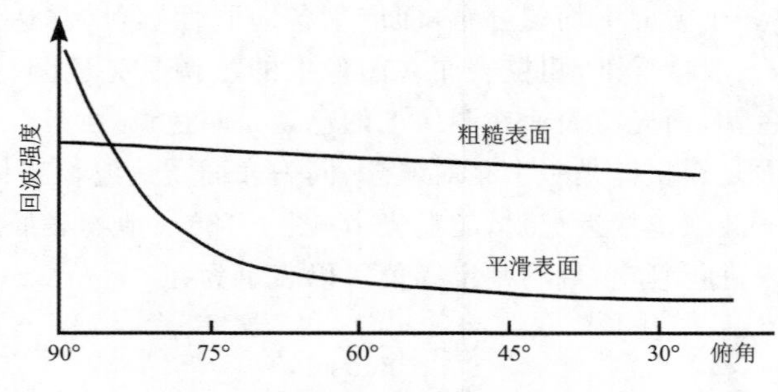

图 4.14　回波强度与俯角的关系

(2)复介电常数

复介电常数由表示介电常数的实部和表示损耗因子的虚部组成。损耗因子指电磁波在传输过程中的损耗或衰减，与物质的传导率有关。一般来说，组成地物目标的物质复介电常数越高，反射雷达波束的效应越强，穿透效应越小。

复介电常数相对于单位体积的液态水含量呈线性变化(图 4.15)，水分含量较低时，雷达波束穿透性大，反射小；当地物含水量较高时，穿透性则大大减小，反射能力增大。在整个微波波段内，水的复介电常数量值变化范围可达 20～80，而多数天然物质(植被、土壤、岩石、雪)的介电常数变化范围只有 3～8，因此地物含水量的高低对于雷达波的反射能力影响甚大。

地物目标含水量的高低决定了其复介电常数的大小，进而影响雷达回波的强度。在雷达图像解译中，含水量一般可以作为复介电常数的替代词，对于植被、土壤湿度的解译是十分重要的。另一方面，微波能量的衰减是物质传导率和辐射频率的函数，一般频率越高，物质的衰减作用越大，有效穿透越低。这对于植被微波遥感影响较大，当频率较高时，微波穿透能力差，回波主要来自植被上层，而频率较低时，由于穿透性强，回波主要来自植被下层和地表层。

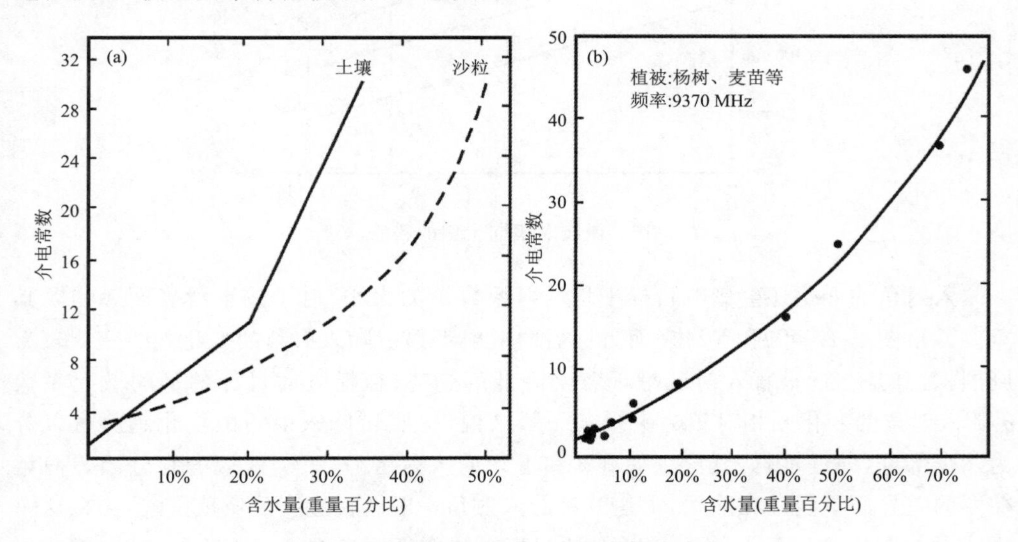

图 4.15　地物含水量与介电常数的关系

(3)波长

雷达系统波长通过两个方面影响目标回波信号的强度，一是波长不同，目标复介电常数不同，决定了雷达波对地物的穿透深度，雷达波波长越长，对地物目标的穿透越深，回波能量较弱(图 4.16)；二是波长的大小间接影响地物表面的粗糙度，对于同一地物目标表面，波长不同，其有效粗糙度也不同，粗糙度的差异进而影响到后向散射的回波强度。

当雷达波长为 1 cm 时，大多数地物表面被认为是粗糙表面，雷达波的穿透性能较低；当波长达到 1 m 时，雷达波的穿透性较强，如对干燥的土壤可以穿透 1 m 以上，地物表面很少有显得粗糙的。

(4)入射角

根据瑞利准则，入射角的减小(即俯角的增大)会使目标表面有效粗糙度增加，导致目标散射能量的增加，同时也可能会相应增加目标散射回波的面积(对于绝对粗糙目标表面来讲则不受影响)。

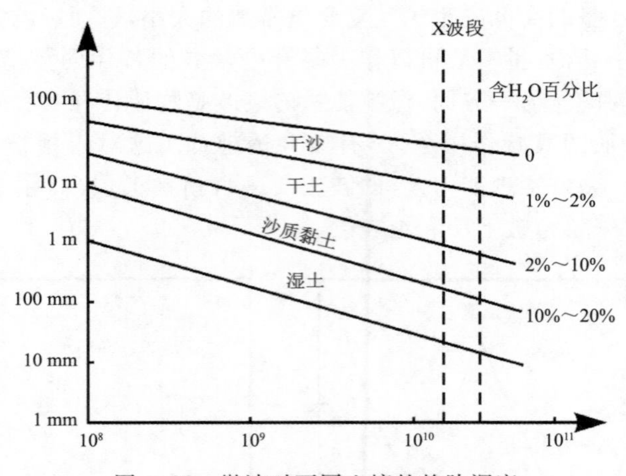

图 4.16　微波对不同土壤的趋肤深度

入射角的变化还会影响目标平均散射系数 σ^0 的大小，对于较平滑表面影响尤其重要。由图 4.17 可见，平滑表面目标后向散射系数 σ^0 随入射角的变化趋势变化较为剧烈，尤其是在近垂直入射区呈现急剧降低的趋势；粗糙表面目标的平均散射系数 σ^0 随入射角的变化则相对较为平缓。一般来说，按照 σ^0 随入射角的变化趋势可以分为三个部分，即近垂直入射区、平直区和近切向入射区，这三个区域的划分因表面粗糙度的差异而不同。在陆地，雷达波束的入射角一般选在平直区域范围内，因在这一区域 σ^0 的变化趋势不大，同一类型地物目标无论在近距离端还是在远距离端，都能保证回波强度相差不大，图像上灰度值保持相对一致，有利于目标的解译。而对于海洋遥感，有时会需要入射角在近垂直入射区，如在海洋油污检测时，由于平静海面近似于光滑表面，只有在近垂直入射区，才能保证足够的信噪比，有利于油污信息的提取。

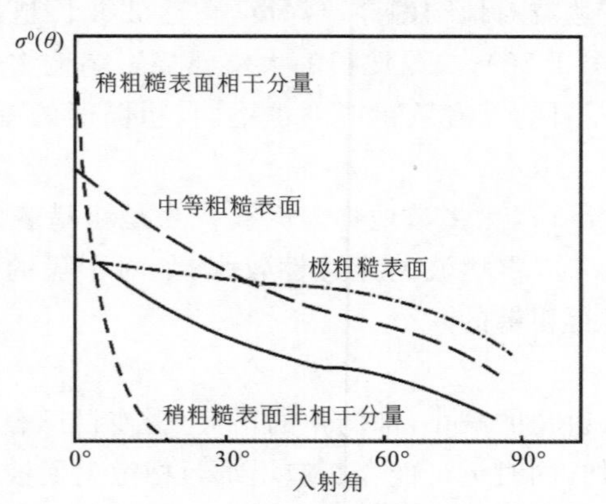

图 4.17　不同表面粗糙度后向散射系数随入射角的变化

(5)极化方式

雷达系统一般发射线极化波,包括水平极化波和垂直极化波,当极化电磁波与地表相互作用时,会使电磁波的极化方向产生不同程度的旋转,形成水平和垂直两个分量,接收天线可以分别接收不同极化方向的电磁波,这样就可以形成不同极化组合的图像。

一般将极化方式产生旋转的现象称为去极化。研究表明,有以下 4 种去极化机理(图 4.18):一是由均匀的平滑起伏表面上反射系数的差别引起的准镜面反射(图 4.18a);二是由于非常粗糙的表面引起的多次散射(图 4.18b);三是地表趋肤深度层内非均匀物体引起的散射(图 4.18c);四是由于地物目标本身的各向异性产生的散射(图 4.18d)。

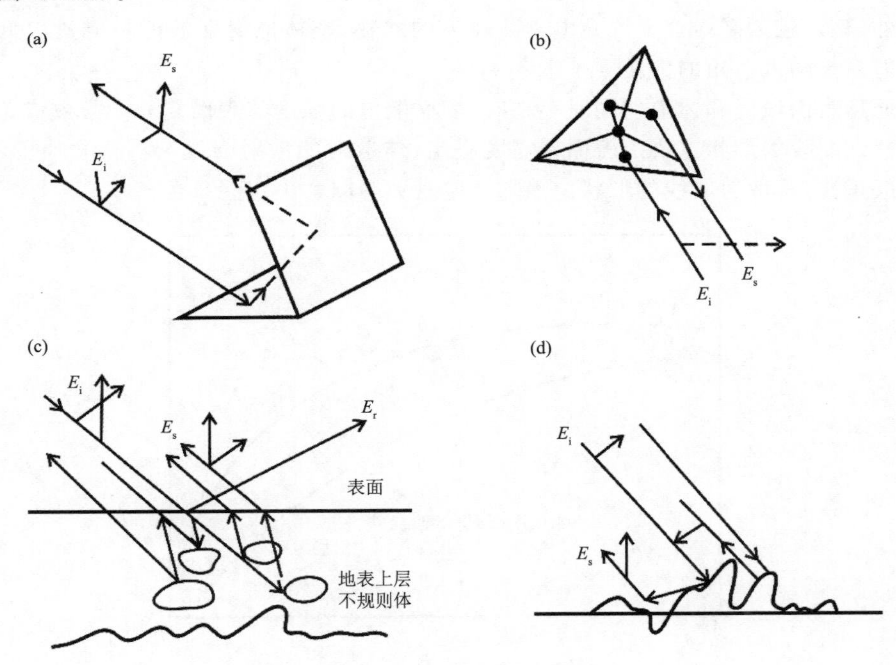

图 4.18　去极化机理

(a)两次反射;(b)三次(奇次)反射无去极化;(c)体散射;(d)粗糙表面的多次散射

(E_i 为入射能量,E_s 为后向散射能量,E_r 为反射能量)

当地物目标表面十分粗糙,回波与入射角(地表散射各向同性)无关时,同极化(HH、VV)图像信号强度相差不大。当地物目标表面较为平滑时,回波与极化方式相对较为重要,当发射波为水平极化波时,相同表面的水平极化回波强度比垂直极化回波可以低 15 dB。对于交叉极化,通常回波比同极化低 8～25 dB。因此,对于不同地表区域选择合适的极化组合影像对于影像解译非常重要。

(6)亚表面粗糙度和体散射

当电磁波穿透地物表面时,第二层介质的表面粗糙度即为亚表面粗糙度,如对覆盖在目标物体上的雪或干沙,雷达波是可以穿透的,这样就可能从回波上看到雪和干沙之下的目标物体信息。

体散射是当雷达波束穿透地物时,由于地物内物质的不均匀性和不连续的空间位置分布,如植被冠层内部树干、枝干、叶面等分布的随机性,引起体内散射的各向同性。相反,如果地物内部物质是均匀分布的,则会出现类似表面散射的信息。

地物内部物质的平均介电常数不同,后向散射随入射角变化的曲线也不同(图 4.19)。如图 4.19 所示,平均介电常数小的地物体散射曲线除在近切向入射区变化较大外,整体较为平缓。平均介电常数较大的地物,整体散射回波信号能量较低,后向散射系数随入射角的变化不平缓。

地物表面散射和体散射同时存在时,表面散射的强度与表面复介电常数成正比,散射特性曲线的形状主要由表面粗糙度决定;体散射的散射强度与内部物质的不连续性成正比,其散射曲线的形状由平均介电常数等因素决定。

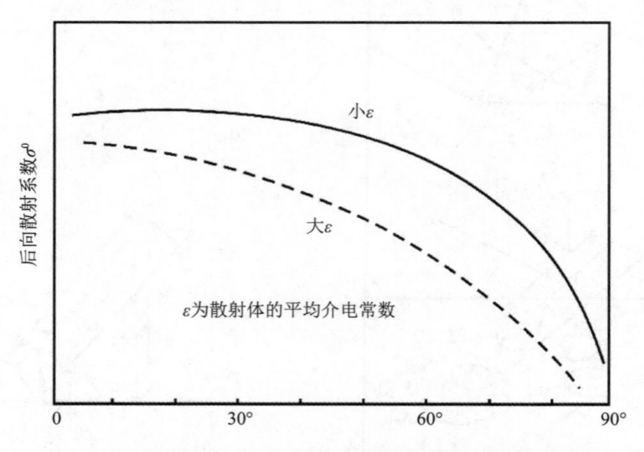

图 4.19 体散射的后向散射系数与介电常数关系曲线

(7)硬目标的影响

硬目标为在雷达图像上表现为一系列的亮点或一定形状的亮线的地物目标,典型的硬目标如角反射器、谐振体、金属构件等。

当地物目标具有两个相互垂直的光滑表面或有三个相互垂直的光滑表面时,就构成了角反射器(图 4.20),如房屋的墙角与地面组成的相互垂直的角反射器。雷达波束照射到地面目标形成角反射时,由于每个表面的镜面反射,使雷达波束反转

180°向后向传播回去，产生各入射波束在反射回去的时候方向相同，相位也相同的现象，使得回波信号相互增强；对于两面角而言，图像上出现一条相应于二面角两个平面交线的一条亮线；对于三面角而言，则有可能出现相对于三面角交点的一个亮点，亮点尺寸和亮线宽度均为一个分辨单元。角反射器效应跟目标方位角相关，对于角反射器而言就是雷达波束指向角（图 4.21），即两面角轴线与雷达波束所在平面的夹角，一般而言当指向角为 90°时，回波最强，偏离 90°时，回波趋弱，指向角对于三面角则没有减弱的效应，无论雷达波束方向如何，其回波总是较强。此外，不同材料的角反射器效应不同，这主要与其介电常数有关，一般金属角反射器比混凝土角反射器的回波要强，混凝土材质比木材角反射器的回波要强。

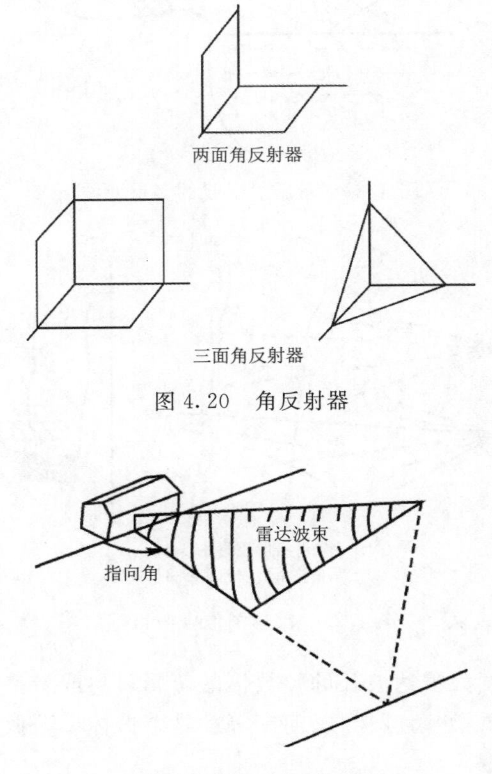

图 4.20　角反射器

图 4.21　雷达波束指向角

二面角反射器还可能造成雷达图像上产生虚假信息。如水面附近的金属塔构成的角反射器，除了金属塔本身反射雷达波束形成影像信息外，从水面反射的雷达波束到金属塔上再反射后，在雷达图像上成像，这样同一个金属塔就在雷达图像不同位置上形成多个影像(图 4.22)。此外,当旁瓣照射到强反射目标如桥梁上,而主波束照射到无回波的水面上时,这时也会在真实目标附近出现微弱的虚假目标(图 4.23)。总之,雷达图像虚假现象的出现一般与强反射目标有关,在图像分析时,遇到强反射目标,应注意附近是否有虚假目标的出现。

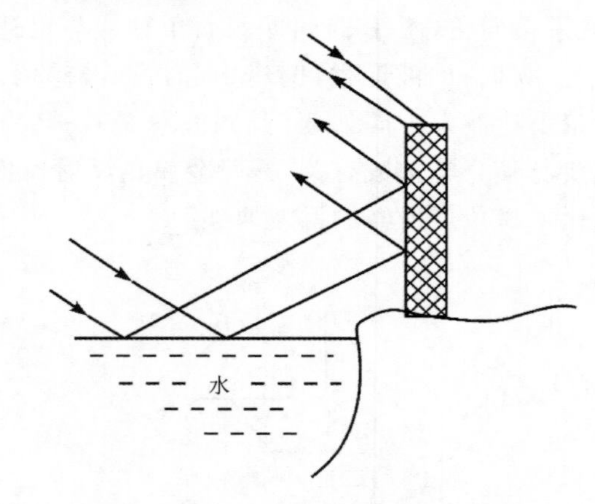

图 4.22　角反射引起的多重回波

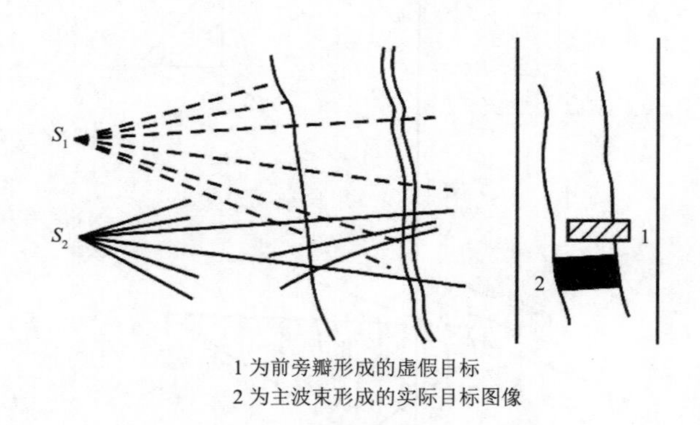

图 4.23　雷达图像虚假目标

谐振效应是由长度为雷达波长的整数倍的金属材料或者是高介电常数的材料所构成的目标,如水塔、桥梁、落叶树枝、河床等都是谐振体。谐振效应使这些谐振体可能构成一些很亮的影像。

(8)雷达光斑的影响

在 SAR 影像上的颗粒状的噪声成为光斑,光斑效应是相干成像雷达的必然现象。雷达光斑是当用相干信号照射目标时,目标上的随机散射面的散射信号之间的相互干涉所形成的相干噪声。斑点噪声对于雷达影像的判读有较强的影响,目前一般有两类方法可以减弱这种噪声：一是成像前的多视平滑处理；二是成像后的去斑点滤波处理。

4.4　典型地物散射特性

不同的地物目标具有不同的电磁波反射和辐射特性，这种特性的差异在雷达影像上表现为不同的灰度和色调，同样的地物在不同频率的雷达影像上色调也会不同，这是雷达影像目标分析、识别和解译的理论基础。对于侧视雷达，地物波谱特性主要表现为地物对于某一波长（或不同极化方式）或某几个波长的雷达波束的不同散射特性。雷达图像的散射特性一般使用散射系数 σ^0 来表示，单位为 dB（分贝），散射系数越高，表示地面目标的散射越强。

4.4.1　植被散射特性

植被属于典型的粗糙表面地物目标，散射特性随入射角变化曲线较平缓，同极化与交叉极化散射系数之间差异变小，只在同极化与交叉极化之间存在差异。植物含水量、色素含量及植株结构的不同，都会影响植物的散射特性。含水量高时，散射系数值增大。不同波长的散射系数差异明显，波长较长的雷达波束，散射系数小。同时，植物在不同的生长发育阶段，由于其内部成分与外部形态的变化，也会导致植物在不同的生长期和不同季节时，散射特性不同。植物散射特性还受到植被层下地面的影响，是植物本身散射与土壤回波的综合。

通过对不同农作物散射特性的观测可以看出，总体上不同农作物均表现出粗糙表面的散射特性。由于不同作物的植株结构及冠层以下土壤性质的差异，也表现出各自的特点（图 4.24）。如相比其他作物类型，水稻的散射系数在较低入射角时较高且变化较为剧烈，这主要由于水稻田经常保持灌水的特征，在较低入射角情况下，植被冠层之下水体的反射及土壤湿度较高造成的较高散射系数。棉花与玉米的散射特性较为相似，主要由于两者的植株结构相似，植株较高且单茎叶面积都较大，散射主要表现为植被冠层的散射特征。小麦的整体散射强度要低于其他作物，主要由于一般麦田土壤含水量较低，地面散射对于整体后向散射特性影响不大，主要表现为植被的体散射，整体上小麦在整个生长期的不同阶段植被后向散射系数变化不大。

森林因树种的差异，冠层结构、树叶大小、枝叶结构均有不同，导致回波也不同。同时，森林的密度、所处地形及不同波长的雷达波束，都会对回波产生影响。当雷达波束可以穿透树叶时，树林的体散射就会增强，茂密森林的地面散射所占比重则会降低。一般松林的散射回波强度要比落叶林的小（图 4.25）。

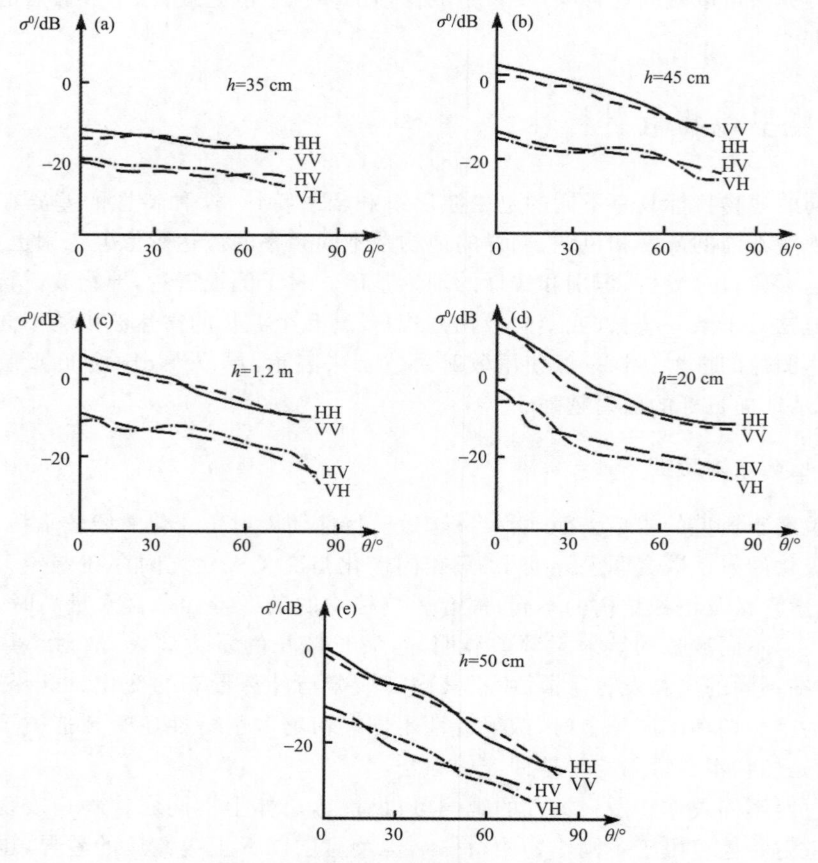

图 4.24 农作物散射特性(h 为作物高度)
(a)小麦;(b)棉花;(c)玉米;(d)水稻;(e)草地

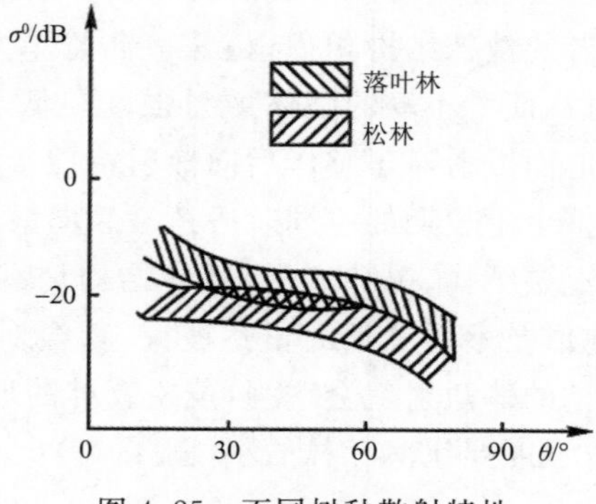

图 4.25 不同树种散射特性

4.4.2　土壤散射特性

土壤的散射特性与土壤表面粗糙度、含水量、盐碱化程度及雷达波束入射角等因素有关。总体上土壤散射系数随入射角增大而减小,且变化曲线随粗糙度的增加($K_1>K_2>K_3$)而变平缓(图 4.26)。此外,不管哪种极化组合情况下,不同粗糙度土壤散射特性曲线都交于同一入射角,说明对于该入射角土壤散射系数与土壤粗糙度无关。图 4.26 所示为中国科学院遥感应用研究所等单位利用 X 波段散射计测量的结果,该入射角大约为 12°。此外,美国堪萨斯大学的类似研究发现,对于 7.5 GHz 的探测频率曲线交会在 10°左右,当探测频率为 1.1 GHz 时,交会点大约在 7°。综合以上研究表明,在特定入射角下裸露土壤的散射特性与粗糙度无关,仅与土壤含水量有关,该特性是侧视雷达探测土壤湿度的重要理论依据。

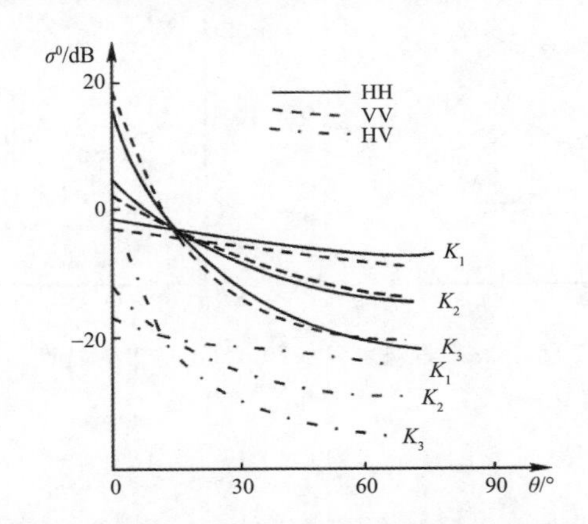

图 4.26　裸土的散射系数与入射角的关系曲线图

土壤含水量直接影响土壤复介电常数的差异,据此可以建立土壤水分含量与雷达后向散射回波强度之间的关系(图 4.27)。此外,对于湿润土壤而言,土壤盐分也会影响土壤的导电性,溶解在土壤水分中的盐离子会严重影响土壤的电导率,从而影响土壤的介电特性和散射系数。

4.4.3　岩石散射特性

岩石的散射特性与岩石的表面形状和粗糙度、组成岩石的元素、照射角度等因素有关,占主导作用的是表面粗糙度。单一类型岩石的散射系数值测量一般较为困难,裸露的岩石形状各异,整块可能构成二面角反射器,较为破碎的岩石堆积又会形成不同粗糙度的表面,因此野外岩石的散射特性需要综合各种因素考虑,有时还需要考虑岩石上面植被与土壤的覆盖情况。图 4.28 为机载散射计测量的石灰岩和含铜钼的矿岩散射特性。

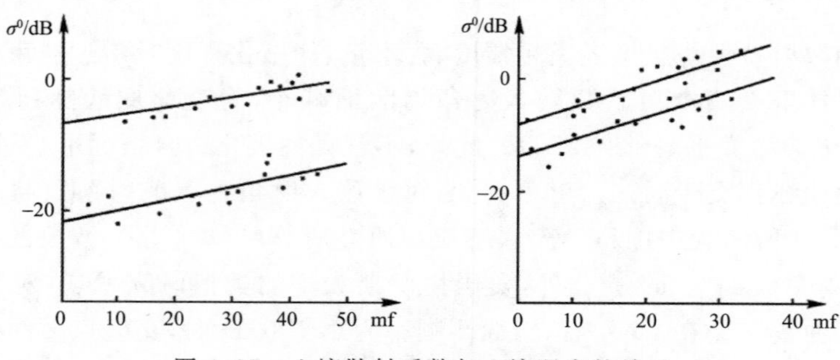

图 4.27　土壤散射系数与土壤湿度的关系

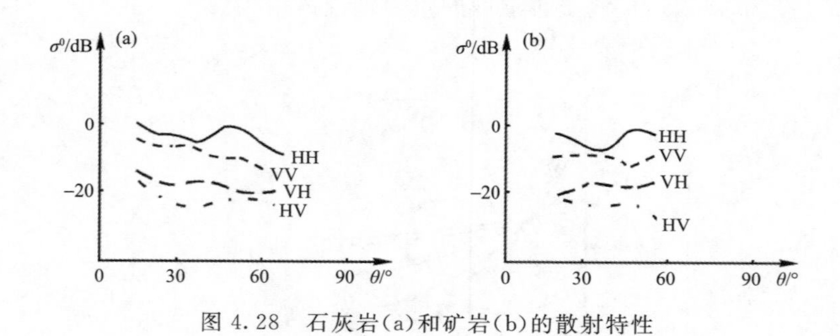

图 4.28　石灰岩(a)和矿岩(b)的散射特性

4.4.4　海洋散射特性

海洋的雷达散射特性主要受两个因素影响：一是海水的复介电常数，它反映海水的电学性质，由表层物质的组成和海水温度决定，海水的组成物质主要包括有机质、含盐量、悬浮物等；二是海面粗糙度，海风是影响海面粗糙度的主要因素，此外还有受重力控制的重力波和受海水表面张力控制的表面张力波，另外，内波也会影响海面的波浪粗糙度。

海洋表面一般可以分为 4 种情况：(1)平静海面。当海面无风或风速很小时，水面粗糙度远小于微波波长，可视为平坦海面，主要表现为镜面反射，其微波发射和散射特性主要受水温和含盐度影响；(2)风浪海面。海水表面很少是平静的，受风的影响海面一般总会存在波浪。海面波浪可以看作是粗糙度较为均一的表面，可以根据散射系数特性建立与海浪、海面风速的关系，用来研究海浪和海风的状况。不同风速和观测方向上，海浪的散射特性不同。图 4.29a 为不同风速下海面散射特性曲线，可见海面散射系数随入射角变化的曲线斜率与海面粗糙度有关，即与风速有关。图 4.29b 为不同观测方向上海面散射特性曲线，由图可见，在逆风时测得的散射系数要高于其他的方向。由图 4.30 进一步可以看出,散射系数在迎风向时最大,顺风向略小,侧风向最小;(3)冰冻海面。海面有海冰、冰山时的状况,由于冰的介电常数小于水体,会引起亮度温度的明显差异;(4)污染海面。一般受油污污染等形成的两层介质。由于油污对表面张力波的阻尼作用,减弱了雷达回波强度,因此在油污覆盖的海面在雷达图像上呈暗色调,而海面漂浮的杂物则可使雷达回波增强,造成雷达图像上的亮点。

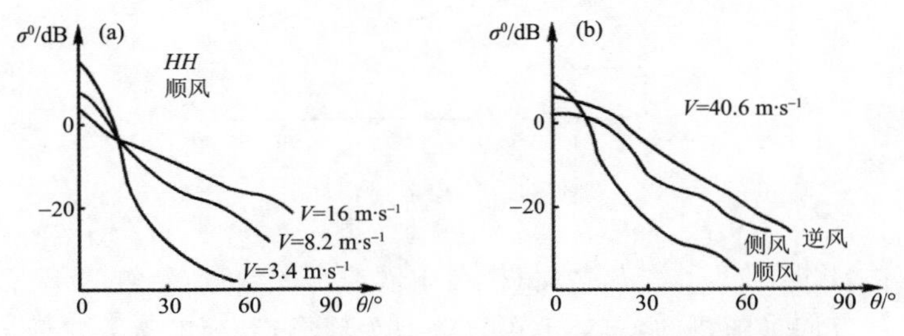

图 4.29　不同风速(a),不同风向(b)下海浪的散射特性

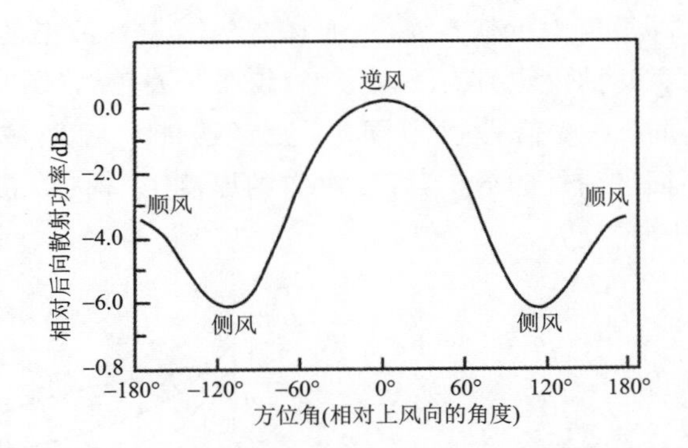

图 4.30　雷达波束相对方向和风矢量关系

4.4.5　冰雪散射特性

大面积的冰层表面非常光滑,属于典型的光滑表面,散射特性与平静的水面类似,回波信号一般很弱,在雷达图像上呈暗色调。但是在冰层融化阶段,海面或河面出现的浮冰会增加水面粗糙度,雷达回波信号显著增强,在雷达图像上常夹杂着亮点。如图 4.31 所示,融化冰面的散射特性与大部分粗糙地物散射特性类似,这一特点可以用来监测河流的通航期。

雪层是地表各种地物的覆盖物,在雷达图像中雪的回波信号往往夹杂有地物的回波信息,整体上雪层对地物有一定的平滑效应。雪层含水量不同,其介电常数不

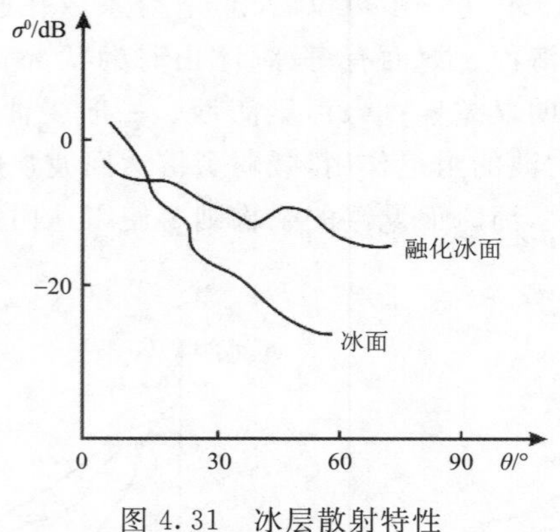

图 4.31　冰层散射特性

同,雷达回波信号也不同。雪层含水量指雪中液态水的含量,新鲜的干雪表现为紧密排列的冰针,其方向是随机的,总体上可以等效为球形,其介电常数较低,雷达波可以穿透至干雪层以下的地物目标。当雪层中有水滴存在时(通过融化),液态水的平均尺寸远小于冰微粒,在散射中贡献不大,主要体现为对雷达波束的吸收,从而会降低散射;雪层的厚度对雷达回波也具有不同影响,越厚回波越弱(图 4.32);不同雷达波对雪的穿透程度不同,回波信号也不同,长波穿透能力强回波弱,图像偏暗(图 4.33)。通过对雪层回波信号的分析,可以对雪的厚度、结构、结晶、湿度及所处地理环境等参数进行分析研究。

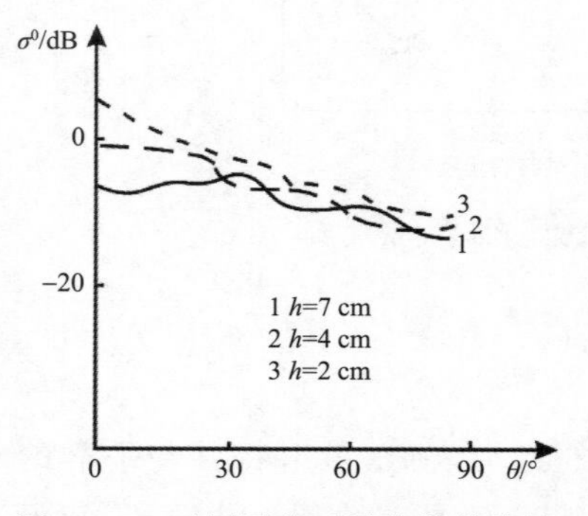

图 4.32　不同厚度雪层的散射特性

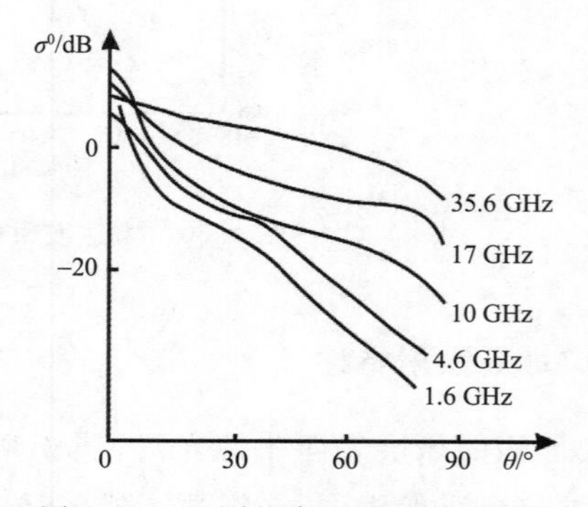

图 4.33　不同频率下雪的散射特性

4.5　典型地物亮度温度特性

被动遥感的微波辐射计图像是地物表观亮度温度的反映,因此典型地物的亮度温度特性是理解辐射计图像特征的基础。

4.5.1　植被亮度温度特性

植被亮度温度与植被覆盖度、土壤状况及辐射频率相关。当植被较为稀疏时，受土壤表面的辐射影响较大。

在植被稀疏的情况下，亮度温度可由式(4.4)表示：

$$T_{B}(\theta,\varphi)=[1-C(\theta,\varphi)]T_{B.bare}+C(\theta,\varphi)T_{B.can}+[1-C(\theta,\varphi)]T_{B.int}(\theta,\varphi) \tag{4.4}$$

式中，$C(\theta,\varphi)$ 为在 (θ,φ) 方向上植被覆盖度，$T_{B.bare}$ 为无植被覆盖时的亮度温度，$T_{B.can}$ 为全植被覆盖时的亮度温度，$T_{B.int}(\theta,\varphi)$ 表示以上两种状况的间接贡献，即土壤表面的辐射经植物冠层的反射(或散射)部分和植物冠层下行辐射经土壤反射的辐射。

当 $C(\theta,\varphi)$ 接近 1，即植被完全覆盖情况下，且辐射频率高于 10 GHz 时，由式(4.4)得到的亮度温度全部来自于植被，没有土壤辐射的贡献；而当频率低于 10 GHz 特别是低于 5 GHz 时，植被与土壤的辐射均有贡献。

图 4.34 为 10 GHz 频率下燕麦田和高粱田的亮度温度曲线。由图可见，对于燕麦田不同极化对辐射测量影响很小，亮度温度随入射角变化的差异也不大；对于高粱田当入射角大于 20°时，垂直极化方式下的亮度温度比水平极化时高出约 10 K。

图 4.35 给出了小麦、紫花苜蓿、大豆、高粱和燕麦不同生长期的 14 组亮度温度数据。由图可见，入射角 θ 在 60°以内时，植被亮度温度与入射角近似无关，亮度温度值基本变化不大，整体上垂直极化方式下的亮度温度比水平极化略高，平均高约 5 K。

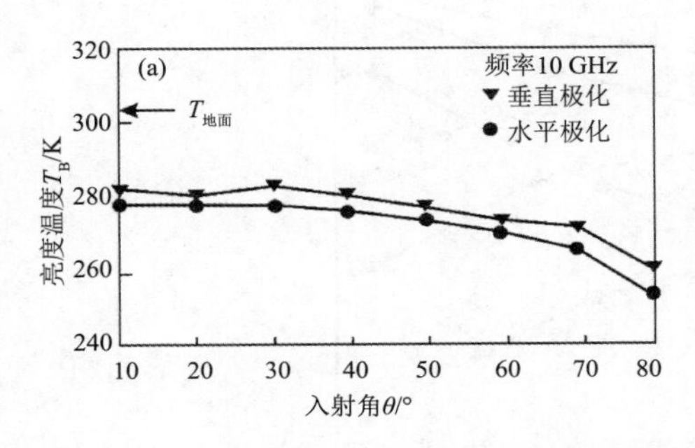

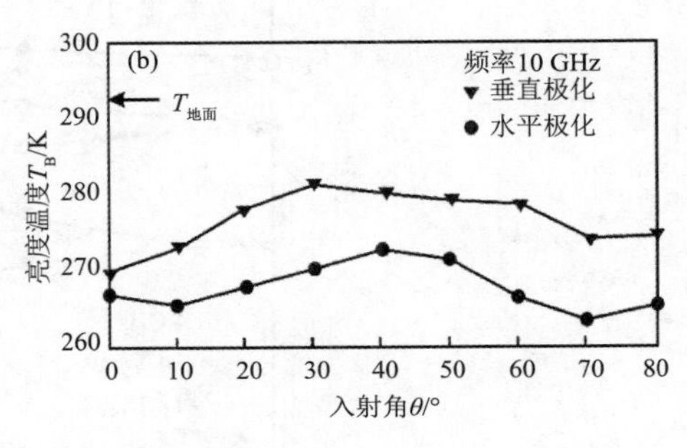

图 4.34　10 GHz 时不同作物亮度温度(Peake et al., 1971)

(a)绿色(谷穗)燕麦田；(b)绿色(穗状花)高粱田

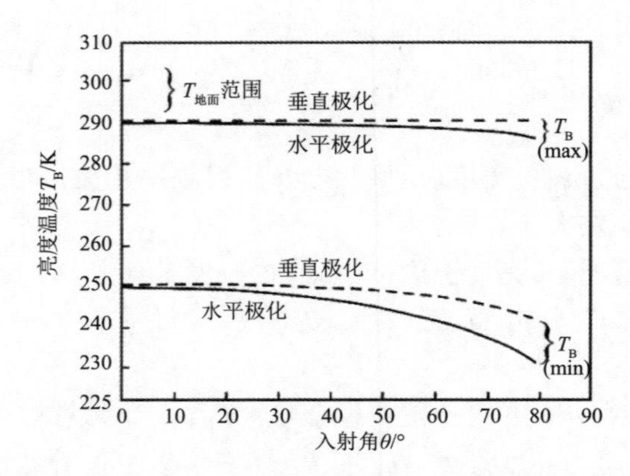

图 4.35　10 GHz 时不同极化方式作物亮度温度随入射角变化曲线(Peake et al.，1971)

4.5.2　土壤亮度温度特性

土壤微波辐射特性主要与土壤表面粗糙度、微波介电常数、土壤含水量、植被覆盖度以及入射角和极化方式有关。在有植被覆盖的情况下,土壤的辐射会产生衰减,频率越高衰减得越厉害,辐射若能穿透植被,则与植被的辐射同时发生。

首先看一下裸露土壤的微波辐射特性,图 4.36 为 1.4 GHz 时,三种不同粗糙度土壤的辐射特性及随入射角和极化方式的变化,其中以归一化天线温度即辐射计测

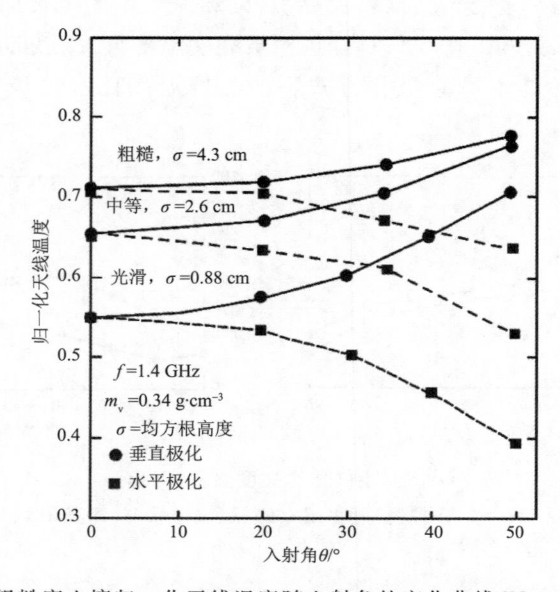

图 4.36　不同粗糙度土壤归一化天线温度随入射角的变化曲线(Newton et al.，1980)

得的温度与土壤表面的实际温度之比表示土壤的辐射特性。在 1.4 GHz 时，辐射计获得的微波辐射理论上还包括了天空向下的辐射经土壤散射到天线的温度贡献，但该值极小，基本上可以忽略不计，因此归一化天线温度近似于土壤表面发射率 e。

由图 4.36 可见，水平极化发射率曲线 e_h 和垂直极化发射率曲线 e_v 都随土壤粗糙度即均方根高差 σ 的增大而上升。同时，粗糙度越大，e_h 和 e_v 曲线之间的间隔越小，即越趋向于极化无关。可用以下模型来表示土壤发射率与粗糙度的关系（Newton et al.，1980）：

$$e_r(\theta) = 1 - \Gamma_r^{sp}(\theta) e^{-h'} \cos^2\theta \tag{4.5}$$

式中，r 为极化方式，θ 为入射角，$\Gamma_r^{sp}(\theta)$ 为极化镜面反射率，h' 为粗糙度参数，该参数由经验值确定。

土壤微波辐射与微波介电常数关系密切。通常土壤的介电常数由土壤含水量决定。图 4.37 为 30 MHz～1.5 GHz 频率范围内，不同科学家实验测得的各土壤类型介电常数与土壤含水量变化关系图，可以看出两者存在明显的正相关关系，不同土壤类型介电常数均随含水量的增加而上升。

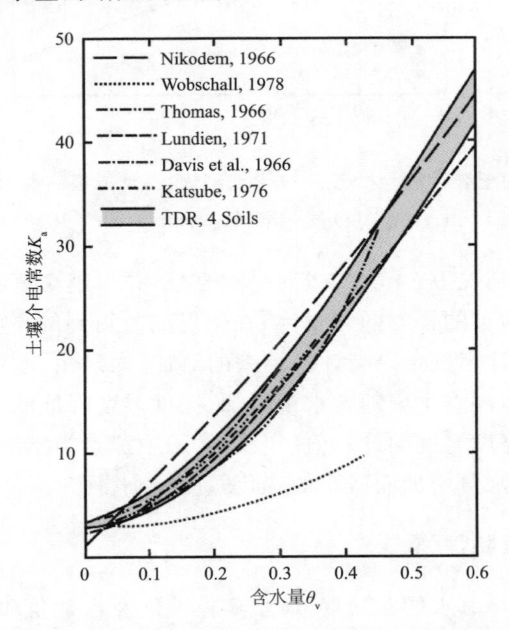

图 4.37　不同类型土壤介电常数随土壤含水量的变化关系曲线（Topp et al.，1980）

由表面极化发射率可知，土壤表面的发射率等于 1 减去各方面散射系数的和，在土壤含水量增加时，这种散射主要表现为反射，反射率增加，发射率就会减小。由图 4.38 可见，发射率随含水量增加而减小。在入射角为 0°时，含水量由 0.08～0.35 g · cm^{-3}

的四种土壤，相应的发射率由 0.91 降低到 0.58。四组曲线还说明了极化方式的影响，在垂直极化方式下，随着入射角的增加，发射率呈递增趋势，而在水平极化方式下，则呈现相反的趋势。

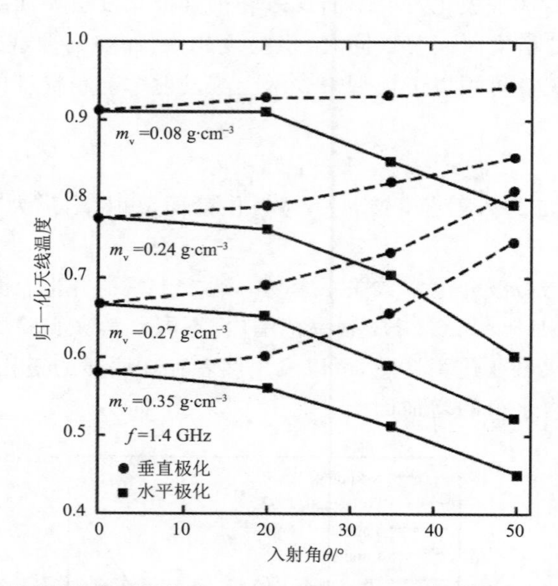

图 4.38　不同土壤含水量状态下，实测光滑表面(均方根高度为 0.88 cm)的归一化天线温度(发射率)(Newton et al.，1980)

在有植被覆盖的情况下，土壤的辐射受到衰减，频率越高衰减越强。一般电磁波如能穿透植被，则与植被的辐射同时发生，在辐射测量得到的亮度温度都有贡献。图 4.39 为机载微波辐射计测量结果与计算结果的对比，入射角 0°、测试频率为 1.4 GHz 时，图中曲线分别表示裸露土壤随含水量增加，亮度温度降低的计算值(虚线)和在玉米遮盖下，植被土壤亮度温度的计算值(实线)。图中黑点为实测值，说明在植被遮盖下亮度温度随土壤含水量增加而减小的变化幅度要小得多。

4.5.3　海水亮度温度特性

海水的亮度温度与海水的含盐度、海水实体温度及入射角和极化方式有关，还因风浪的大小而异。当海面无风浪时平滑海水的亮度温度可以表示为：

$$T_B(\theta,P)=[1-\Gamma^{sp}(\theta,P)]T_o \tag{4.6}$$

式中，θ 为入射角，P 表示极化方式，$\Gamma^{sp}(\theta,P)$ 为镜面反射系数，T_o 为海水实体温度。

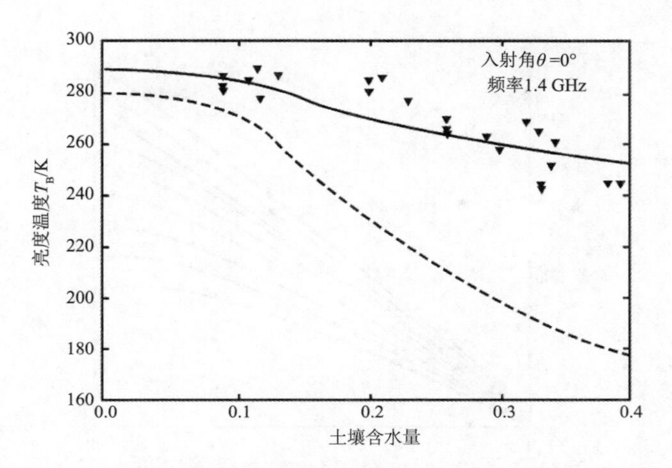

图 4.39　成熟期玉米田的天顶角亮度温度随土壤含水量的变化关系(Ulaby et al.,1981,1982)

图 4.40 为 $\theta=0°$,含盐度 s 为 36‰时,海水亮度温度随海水实体温度的变化关系曲线。由图中四条曲线可见,T_B 与T_o 大致呈线性关系,频率越高,亮度温度也越高,T_o 增大时,T_B 可能增大,也可能减小,具体根据不同频率而不同。

海水含盐度对亮度温度也有较大影响。图 4.41 所示,为 $\theta=0°$,频率为 2.65 GHz 时平滑海面亮度温度在不同含盐度情况下随海水实体温度变化的曲线。由图可见,T_o 增大时,T_B 对含盐度反应敏感,含盐度越低,T_B 与 T_o 的线性关系越强。

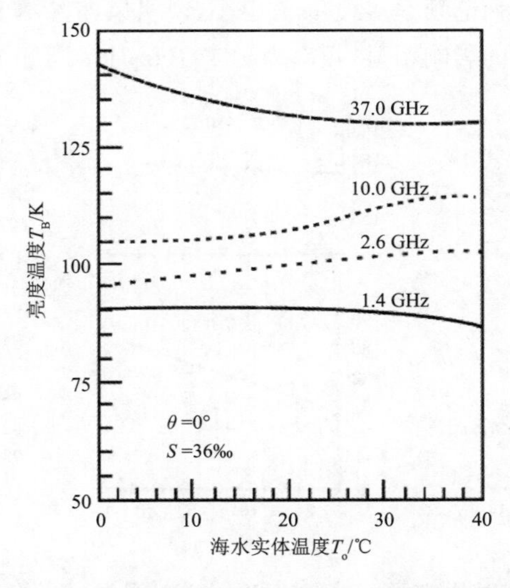

图 4.40　海面天顶角亮度温度随海水实体温度变化曲线

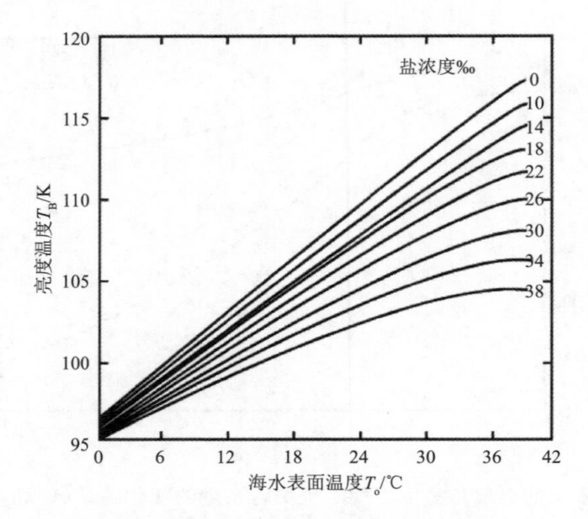

图 4.41　海面亮度温度随海水实体温度变化曲线(Klein et al.，1977)

当海面有风浪时，海水不再是平滑表面，而是有一定粗糙度的表面，这时海水亮度温度与粗糙度(风速)有关，可用式(4.7)表示：

$$T_B(\theta,P,u)=T_B(\theta,P,0)-a(\theta,P)u \tag{4.7}$$

式中，u 为风速，$a(\theta,P)$ 表示随不同入射角和极化方式而异的一个常量。

图 4.42 为入射角为 55°时，不同极化情况下，海水亮度温度随海风变化的规律。在垂直极化(T_{BV})方式下，无论频率多大，a 值很小，说明风速基本上没有影响。而在水平极化(T_{BH})方式下，风速的影响明显，频率为 1.4 GHz 时，a 等于 0.34 K·(m·s^{-1})$^{-1}$，

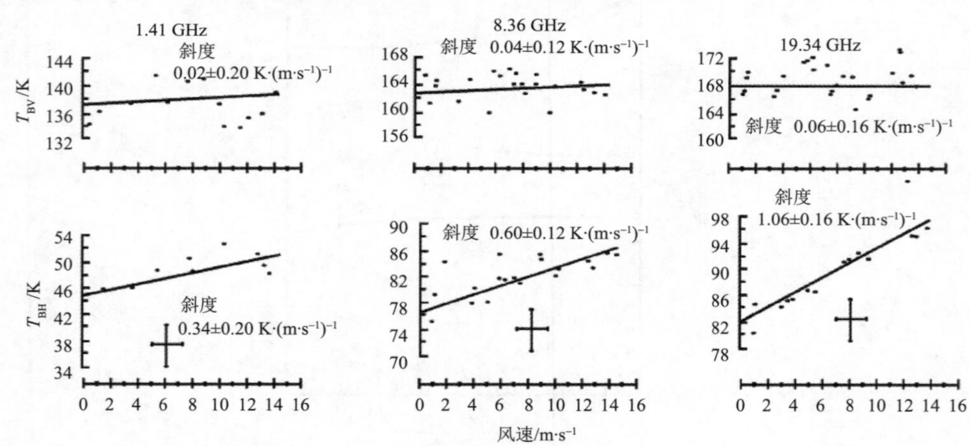

图 4.42　$\theta=55°$ 时，亮度温度(T_{BV}：垂直极化海水高度温度，T_{BH}：水平极化海水高度温度)随风速的变化关系(Hollinger，1971)

8.36 GHz 时,a 为 0.60 K·(m·s^{-1})$^{-1}$,频率为 19.34 GHz 时,a 达到 1.06 K·(m·s^{-1})$^{-1}$,表明水平极化有利于对海面状况的观测。

4.5.4　雪亮度温度特性

雪的亮度温度与实体温度之比可以认为是雪的发射率,它与雪的密度、入射角及频率相关。同时,雪的粗糙度对于微波辐射也具有一定的影响,且在湿雪情况下影响更大。

图 4.43 是以雪的含水当量(W)对雪的发射率的影响来表示雪的亮度温度随入射角(θ)、雪的密度(ρ)以及频率的不同而变化的状况,其中 d 表示深度。由于有三种测量频率,因此图中发射率分三段表示,图中给出了经试验拟合的频率和雪的密度不同时的发射率方程。当雪中含液态水分的比例(m_v)增大时,经理论分析和实验验

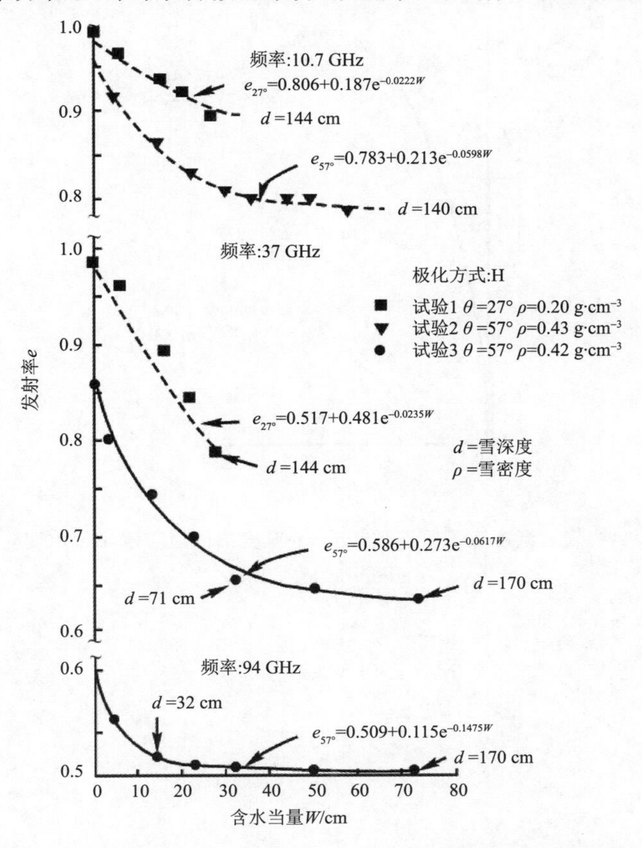

图 4.43　在 10.7 GHz、37 GHz 和 94 GHz 频率测量时,发射率(e)随雪中含水当量(W)的变化关系(Ulaby et al., 1980)

证，雪的亮度温度 T_B 与m_v 的关系可以用式(4.8)表示：

$$T_B(m_v) = A - B_{exp}(Cm_v) \tag{4.8}$$

在一定的频率、入射角和极化状态下，式中 A、B、C 均为常数。图 4.44 是频率为 10.7 GHz 和 37 GHz 时的量测结果。

此外，雪的表面粗糙度对于微波辐射也具有一定的影响，且在湿雪情况下影响更大。

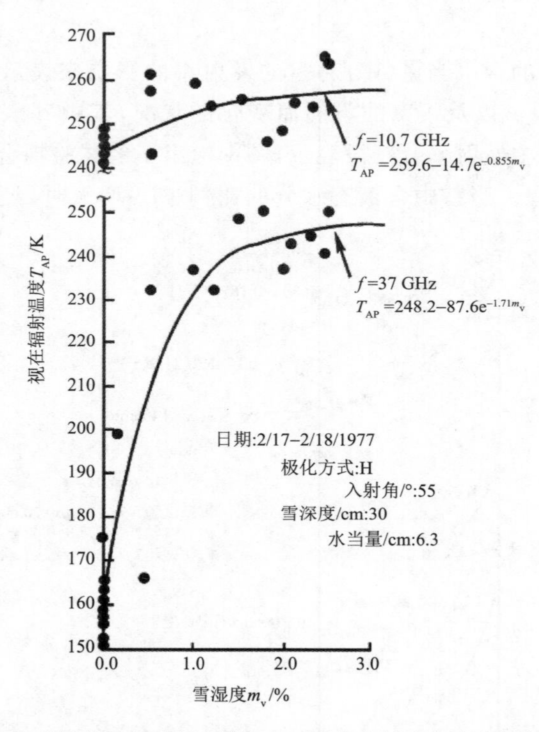

图 4.44　表观温度随积雪层顶部 5 cm 厚度内的液态水含量的变化关系
(Ulaby et al.，1980)

第 5 章　微波传感器定标与图像校正

5.1　微波传感器定标

5.1.1　传感器定标原理

定标是对仪器性能的量化表示，一般遥感传感器将电压值(或随时间变化的电压值)的记录作为原始输出数据，而定量遥感关注的则是目标的物理特性——亮度温度或后向散射功率。因此，对于遥感传感器需要测定记录的电压值与目标物理特性之间的关系。此外，当已知系统噪声在最终探测信号中的组成情况时，还需要知道两者之间关系的准确性如何。传感器定标就是指测定传感器的电压值和目标物理特性的关系，以及传感器受噪声影响的不确定性的过程。微波系统辐射定标可获得观测目标物理性质的定量信息，可使不同仪器和不同测量时间的结果具有可比性，以及不同平台的地基、机载、星载的各种测量数据可以相互对比和联合使用，并可将微波观测结果用于物理模型，实现定量参数的反演。

卫星发射过程中产生的极端加速度和振荡，可能会影响仪器的性能指标。此外，在轨道运行时，仪器将在微重力的环境下进行，而且在轨道空间上热环境会因太阳照射强度的变化发生几十度(绝对温度，K)到几千度的变化，加之卫星运行过程中仪器组件损耗导致的特性随时间的变化，这些因素都可能导致传感器仪器灵敏度的偏移。

在被动微波遥感系统中，辐射亮度温度的准确性需要达到比 1 K 更小的数值，才能将辐射计用于大气或地表探测应用。而在主动雷达系统中，需要使归一化后向散射截面定量测量的准确性达到小于 1 dB，相位测量则不低于几度。因此，为了获得最佳的测量结果，周期性的定标是必不可少的。

5.1.2　定标的分类

定标可以分为绝对定标和相对定标，理想的方案是绝对定标，即定量地确定特定设备中电压值与目标物理特性之间的对应关系；相对定标则是确定灵敏度相关的比例或趋势，从而等效地实现数据中比例差异的定量估算。

根据定标信号的来源，传感器定标可以分为内部定标与外部定标。当参考信号来自于仪器内部时，称为内部定标。内部定标将测量值直接与天线获取的信号相联系，绕开天线系统，实现对探测系统长时间的监测。如图 5.1 所示，主动方式的校准系统通过增加延时线和定标衰减器，发射机发射脉冲信号直接被传输到内定标器，并得到(相同特性但功率低得多的)RF 脉冲，发射的功率通过校准回路到达接收机，以此测出接收机的性能并进行校准。被动方式的遥感系统则常用基于热和冷的定标“目标”，热目标(热源)通常由铁或类似材质制成，尽量与黑体相近，通过将它维持在预先设定的温度上，以确定其发射辐射的强度。冷目标则是完全不产生任何信号的物体，以测量获得仪器自身的背景噪声。常见的冷目标(冷源)是黑暗的外层空间，宇宙背景辐射温度大约为 3 K，处于对地观测中获取常规信号范围之外。因为宇宙空间分布广阔，对外层空间背景的观测可不经天线进行，而通过仪器旁边的小孔进行，测量结果与内部的热源测量结果做对比。

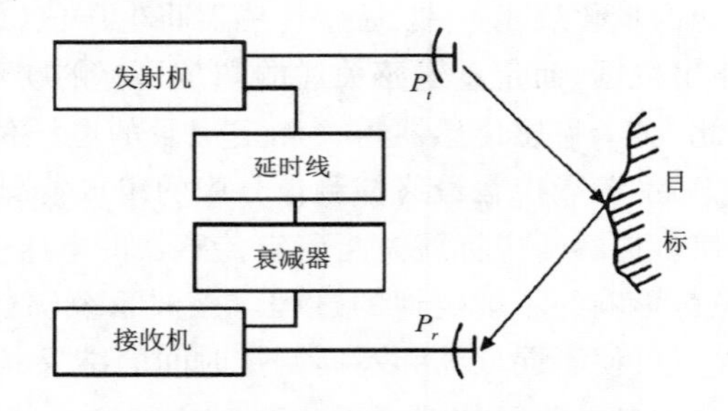

图 5.1　雷达系统内部定标示意图

外部定标基本目的是在确定测量信号和目标辐射能量之间关系的过程中加入天线的影响，利用仪器外部的已知信号进行。被动辐射计一般采用自然目标如月球表面，主动辐射计一般利用人工点目标或天然的分布型目标进行。典型的点目标为微波角反射器，其具有精确的可测定散射截面，且具有极强的后向散射，不仅能简单地在雷达数据中将其定位，其极强的后向散射使天线旁瓣也能产生信号。因此，当点目标信号经过具有一定辐射方向图的天线波束时，得到的响应将给出天线方向图和后续处理序列的定标信息。外部定标使用的另一种方法是已知雷达截面(RCS)的分布型目标，如大片的均质自然森林或农田，根据选定区域的分布型目标，其特定时间和特定参数雷达测量的平均 RCS 保持不变的性质，实现传感器的定标，典型的分布型目标定标场地如亚马孙雨林和刚果热带雨林，这两个区域在较大的空间区域和时间周期中均表现出了非常稳定的 RCS，当然在雷达仪器定标中还需考虑这些区域自然植被可能存在的季节变化信息。

角反射器(图 5.2)和分布型目标可被动地作为确定性质的目标,适用于雷达系统端对端的定标应用,但不能区分定标的发射和接收模式的参数。因此,针对此需求产生了"主动式"定标目标,即应答机。应答机(transponder)是一种陆基设备,可以发射与雷达系统相匹配的信号,它能探测向它发射的雷达脉冲并重新发射一个非常强且具有明显特征的信号,与雷达接收机匹配,从而可轻易地被雷达仪器检测记录,这样便可仅针对传感器系统的接收部分进行分析,现在应答机已成为了雷达天线组件进行定标的重要仪器。

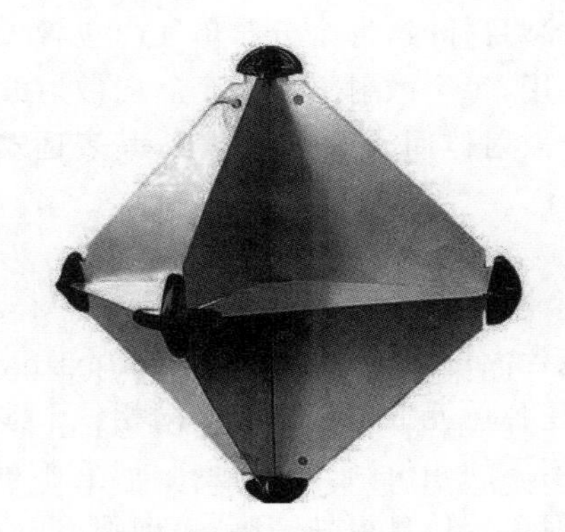

图 5.2　微波角反射器

不同微波传感器测量微波辐射信号的特性不同,所以传感器定标的方法也不同。如微波散射计、微波辐射计更多关注于对入射波强度或功率的精确测量,针对这类传感器的定标称为辐射定标;相干微波传感器除记录测量信号强度外还需记录信号准确的相位值,如孔径的合成需要精确的相位测量值,相位估算在极化测量或干涉测量中也是必需的步骤,因此对该类微波传感器相位定标是必需的工作;对于极化信号系统还需要考虑不同探测器测量 H 和 V 分量不同通道的响应,需保证两个通道的响应是一致的,这种定标为极化通道不平衡性(Polarimetric Channel Imbalance)定标;对全极化系统而言,相位差的准确测量至关重要,需要进行相位差定标,一般可以采用角反射器或极化有源雷达定标体(Polarimetric Active Radar Calibrators,PARCs)进行,角反射器具有典型的相位差,而 PARCs 则能产生确定的相位差。

5.2　雷达图像斑点噪声处理

5.2.1　雷达图像斑点噪声产生机理

雷达成像机理是相干成像,SAR 图像是地物对雷达波的散射特性的反映,由于成像雷达发射的是纯相干波，这种相干波照射目标时，目标物的随机散射面与散射信号之间的干涉作用会使图像产生不可避免的噪声。雷达图像斑点噪声与普通光学图像中的颗粒噪声不同，斑点噪声是在雷达回波信号中产生的，是所有基于相干原理的成像系统所固有的，而光学图像中的颗粒噪声多为椒盐噪声和高斯噪声，是在对影像进行采样、量化、压缩、传输和解码等数字化过程中以及照片本身在保存过程中的信号退化造成的，是直接作用到图像上的，因此雷达斑点噪声严格意义上讲不是噪声，实质上是类似噪声。

雷达波束照射到分布型目标时，每个分辨单元内包含大量的离散散射点，由于电磁波与地面目标的相互作用，每个散射贡献一个后向散射波，其相位和幅度不同。分辨单元上总的回波是各个散射体回波的矢量叠加，其表达式为：

$$A e^{j\Phi} = \sum_{k=1}^{N} A_k e^{j\Phi_k} \tag{5.1}$$

式中，A_k 和Φ_k 分别为单个散射体的强度与相位，因其单体远小于 SAR 分辨单元的大小且每个分辨单元内包含大量的单个散射体，因此不能被直接观测。由式(5.1)可见，分辨单元总信号强度是各单元散射体之间不同相位干涉的结果，在每一分辨单元中，不同部位的散射贡献不同的相位，它们是随机的，它们的相互作用有时会产生良性的相干结果，使整个散射单元信息更加清晰，有时则会产生不良的相干结果，使整个分辨单元无法反映真实的地物回波信息。

斑点噪声除在某些时候能够提供有用信息外，大部分会给 SAR 图像的应用带来不确定性。除斑点噪声外，雷达图像在产生、处理和传输过程中同样也会受到其他因素的干扰和影响，从而产生非相干的高斯噪声。对于 SAR 图像，主要的噪声为斑点噪声，尤其是单视 SAR 图像，因此抑制斑点噪声始终是 SAR 图像处理与应用的重要内容。

5.2.2　雷达图像斑点噪声消除

图像斑点的存在，给 SAR 图像的应用和解译带来了一定困难，所以针对 SAR 图像斑点噪声的消除一直是 SAR 图像预处理的重要内容。当前已发展了多种抑制斑点噪声的算法，总体上可以分为基于多视处理和基于空间域和变换域滤波的算法。不同算法其优缺点不同，需要在实际应用中根据不同的目标和用途选择不同的算法。如多视处理可有效地抑制噪声，但降低了空间分辨率；基于空间域滤波算法能有效地平滑斑点噪声，但会不同程度地损失影像的边缘和细节信息；基于变换域滤波算法可较好地保留影像边缘信息，但对于某些图像其滤波效果不一定有效。

(1)图像多视处理

多视处理原理实质上为图像运算中的加法运算，具体算法基于多幅图像相加后除以总图像的个数，得到处理后的图像。多视处理可以是成像前处理，也可以是在成像后对单视复型图像进行处理。早期的多视处理是成像前获得多视图像，现在一般是对单视复型图像进行后期处理来获得多视图像。

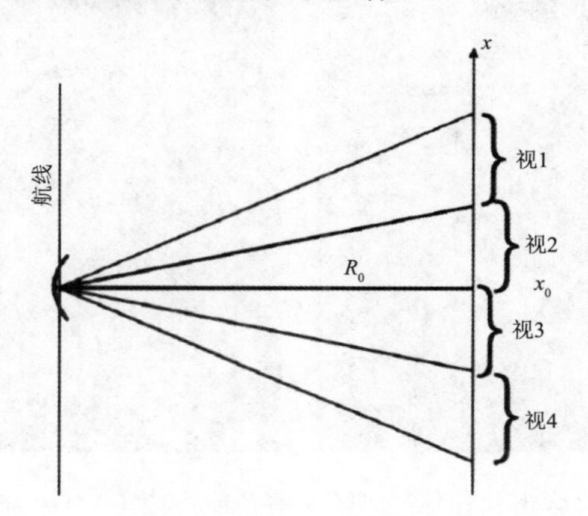

图 5.3　雷达图像多视处理

多视处理是通过降低方位向的带宽，形成 N 幅多视子图像，然后对获得的子图像非相干求和平均，从而达到平滑图像的效果(图 5.3)。由于多视处理降低了带宽，导致图像空间分辨率的降低。假设经过多视处理后新的雷达图像的方位分辨率为 δ'_{a}，多视处理的视数为 N，即将雷达的合成孔径分为 N 个子孔径，每一子孔径的带宽为 B'_{D}，它是整个孔径带宽 B_{D} 的 N 分之一，即有(隋立春，2011)：

$$B'_{\mathrm{D}} = \frac{B_{\mathrm{D}}}{N} \tag{5.2}$$

多普勒带宽(B_{D})与平台速度(V)和天线孔径(D)的关系：

$$B_{\mathrm{D}} = \frac{2V}{D} \tag{5.3}$$

于是，图像多视处理前后方位向分辨率为：

$$\delta'_{\mathrm{a}} = \frac{V}{B'_{\mathrm{D}}} = \frac{VN}{B_{\mathrm{D}}} = N\delta_{\mathrm{a}} \tag{5.4}$$

式中，δ_{a} 为多视处理前分辨率。可见，经过多视处理后，雷达图像方位向分辨率降低了 N 倍。多视处理可以有效平滑相干斑点噪声，虽然降低了雷达影像空间分辨率，但对于大面积分布相对均一的地物类型，像海洋、洪水、森林、农作物等的监测来说，降低空间分辨率对影像的应用不会造成大的影响。图 5.4 为四视处理前后影像的对比，可以发现虽然方位分辨率降低了，但由于抑制了斑点噪声，图像整体上反而更为清晰了。

(2)空间域滤波

基于空间域滤波的方法，直接以图像为处理对象，不做任何变换，利用各种图像

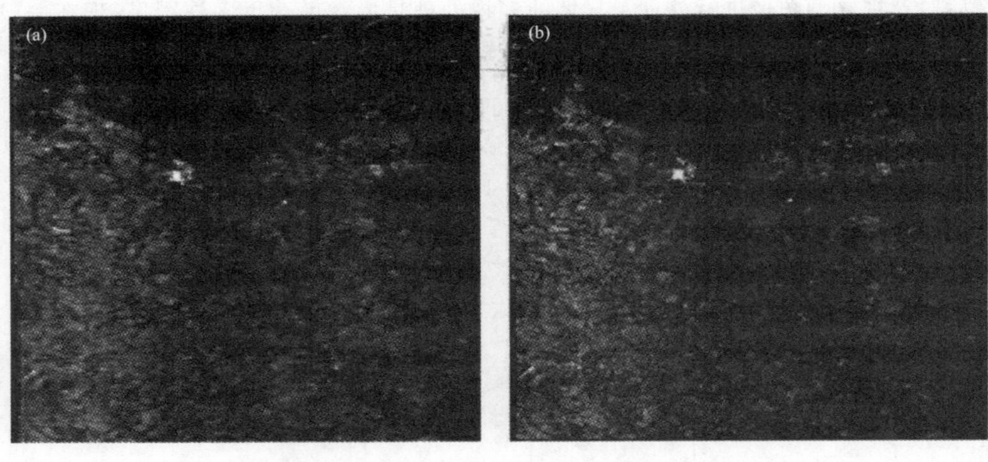

图 5.4 原始 SAR 影像(a)与四视处理后的 SAR 影像(b)(黄世奇,2015)

平滑模板对图像进行卷积处理,以达到压抑或消除噪声的目的。空间域滤波可分为基于统计模型的算法和非统计模型算法。常用空间域滤波主要有均值滤波、中值滤波、Lee 滤波、Frost 滤波和 Gamma MAP 滤波等。

均值滤波是以平滑模板窗口内所有像元值的均值代替原始中心像素原始灰度值的平滑滤波,其数学模型为:

$$R_{ij} = \frac{\sum_{k=1}^{M}\sum_{l=1}^{N} P_{kl}}{M \times N} \tag{5.5}$$

式中,R_{ij} 是滤波处理后结果影像的像元灰度值;P_{kl} 是滤波窗口内各个像元的原始像元灰度值;$M \times N$ 是窗口的大小,一般取 3×3 或 5×5。均值滤波中模板中的所有系数都是正值,且权系数相等,整个模板的平均数为 1。均值滤波能够有效平滑斑点噪声,同时也会造成图像边界和细节信息的丢失,使图像整体变得模糊。

中值滤波是利用模板窗口内灰度值的中值来代替中心像元灰度值,设滤波窗口内包括 m(m 为奇数)个像元,把 m 个像素点按灰度值大小进行排序,然后找到正中间位置的灰度值作为模板窗口中心位置的像元值,数学模型可以表示为:

$$R_i = \text{Mid}\{f_{i-v},\cdots,f_i,\cdots,f_{i+v}\}, i \in Z, v = \frac{m-1}{2} \tag{5.6}$$

中值滤波是一种非线性平滑滤波,在一定条件下可以克服线性滤波器所带来的图像细节模糊,特别对脉冲干扰和图像扫描中的噪声最为有效,通过选择合适的滤波器窗口形状(如交叉形式、矢量形式等),对地物边界线和结构线信息可以较好地保留。

Lee 滤波、Frost 滤波和 Gamma MAP 滤波均为常用的自适应滤波,自适应滤波是在维纳滤波、Kalman 滤波等线性滤波基础上发展起来的一种滤波方法。由于其具有更强的适应性和更优的滤波性能，在信息处理技术尤其是 SAR 噪声去除工作中得到了广泛的应用。

Lee 滤波的算法原理是基于乘性的斑点噪声模型，并且假定噪声为完全发育的斑点噪声（表现在图像上，斑点处于均匀区域或弱纹理区域，且斑点噪声与图像信号不相干）。Lee 滤波算法将斑点噪声视为一个均值为 1 的平稳噪声，并使用滤波窗口内的样本均值和方差作为先验均值和方差，滤波器为：

$$R = I + K \times (CP - U \times I) \tag{5.7}$$

式中，R 为滤波后中心像元的灰度值；I 为滤波窗口内像素灰度值均值；$K = 1 - \dfrac{\mathrm{MVAR}/U^2}{\mathrm{QVAR}/I^2}$，QVAR 为滤波窗口内像素灰度值方差，$U$ 为乘性噪声均值，一般为 1；CP 为滤波窗口中心像素灰度值；MVAR 乘性噪声方差，其值可以由滤波窗口内灰度统计获得，计算公式为：

$$\mathrm{MVAR} = (SD/I)^2 \tag{5.8}$$

其中，SD 为滤波窗口内像素灰度值的标准差。

增强 Lee 滤波器定义为：

$$\begin{cases} R = I, & C_{\mathrm{i}} \leqslant C_{\mathrm{u}} \\ R = I \times W + CP \times (1 - W), & C_{\mathrm{u}} < C_{\mathrm{i}} < C_{\max} \\ R = CP, & C_{\mathrm{i}} \geqslant C_{\max} \end{cases} \tag{5.9}$$

式中，R 为滤波后中心像元的灰度值；I 为滤波窗口内像元灰度值均值；CP 为滤波窗口内中心像元的灰度值；$C_{\mathrm{u}} = 1/\sqrt{\mathrm{Nlook}}$；$C_{\max} = \sqrt{1 + 2/\mathrm{Nlook}}$；$C_{\mathrm{i}} = VAR/I$；$W = \exp\{-D(C_{\mathrm{i}} - C_{\mathrm{u}})/(C_{\max} + C_{\mathrm{i}})\}$，上述公式中 Nlook 为视数，参数 D 为调节因子，D 值越小，噪声平滑效果越好，但边缘保持效果不好；D 值越大，边缘保持效果越好，但噪声平滑效果较差。

Frost 滤波算法假定斑点噪声是乘性的，并且假设 SAR 图像是平稳过程，依据最小均方误差（MMSE）准则来估计 x，表达式为：

$$\hat{x} = \frac{z_1 w_1 + z_2 w_2 + \cdots + z_n w_n}{w_1 + w_2 + \cdots + w_n} \tag{5.10}$$

式中，$z_1, z_2, \cdots, z_n$ 为滤波窗口内各像元灰度值，$w_1, w_2, \cdots, w_n$ 为窗口内对应像元的权重值，其值根据下式计算：

$$w_i = \exp(-A \cdot T_i), i = 1, 2, \cdots, n \tag{5.11}$$

式中，T_i 为滤波窗口内像元到中心像元的绝对距离。A 值由下式计算：

$$A = MP \cdot \left| \frac{\mathrm{VAR}}{\mu^2} \right| \tag{5.12}$$

式中，VAR 为滤波窗口内像元的方差，μ 为滤波窗口内像元均值。MP 为指数衰减因子，通过调节该因子可以改善滤波效果，该值越小，噪声平滑效果越好，但边缘信息损失大；反之，该值越大，边缘保持效果越好，但平滑效果会略差。图 5.5 为不同滤波噪声滤除效果影像。

对于异质区域，上述算法假设不适应，边缘保持能力会较差。因此，可以在以上基础上进行改进，这就是增强 Frost 滤波，其原理与 Frost 滤波相同，只在权重值进行了改进。具体表达式为：

$$\begin{cases} \hat{x} = I, & C_i \leqslant C_u \\ \hat{x} = MP \times (C_i - C_u)/(C_{max} - C_u), & C_u < C_i < C_{max} \\ \hat{x} = x, & C_i \geqslant C_{max} \end{cases} \tag{5.13}$$

式中，C_i 为区域变差系数；C_u $\sqrt{\text{Nlook}}$ ，Nlook 为视数。

图 5.5　空间域滤波噪声滤除

(a)原 SAR 图像；(b)中值滤波；(c)Frost 滤波

(3)频率域滤波

频率域滤波是通过傅里叶变换，将原始空间域图像转换为频率域图像，在频率域内进行滤波处理，然后再逆变换到空间域图像。经过傅里叶变换后的频域内，整个图像的频谱分布在一个有限的频带内，且噪声的频谱主要集中于高频区域。利用这一特点，通过设计一个低通滤波器，就可以将噪声进行滤除。常用的频率域滤波主要有理想低通滤波器和巴特沃斯(Butterworth)低通滤波器。

假设原图像为 $f(x, y)$，经傅里叶变换为频率域图像 $F(u, v)$，频率域滤波就是选择合适的滤波器函数 $H(u, v)$，用其对 $F(u, v)$的频谱成分进行调整，即降低噪声部分的成分，然后进行傅里叶逆变换，得到滤波后的空间域的图像 $g(x, y)$。二维理想低通滤波器的传递函数为：

$$H(u,v) = \begin{cases} 1, D(u,v) \leqslant D_0 \\ 0, D(u,v) > D_0 \end{cases} \tag{5.14}$$

式中，D_0 为一个非负整数，是从点(u,v)到频率平面原点的距离，即：

$$D(u,v)=\sqrt{u^2+v^2} \tag{5.15}$$

低通滤波器以 D_0 为半径的圆内所有频率可以无损通过，大于频率的圆外频率分量则被过滤掉。图 5.6 为理想低通滤波器示意图，图 5.7 为不同截止频率取值滤波处理的影像效果图。可见，理想低通滤波器平滑效果概率较为清晰，但处理结果会产生模糊和振铃现象，且 D_0 越小，这种现象越明显。

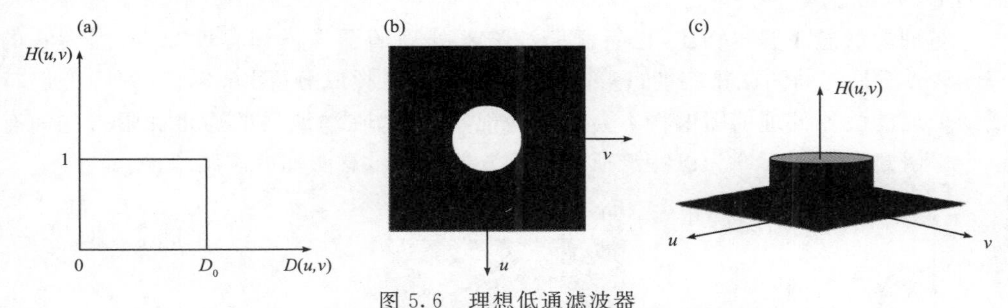

图 5.6　理想低通滤波器

(a)剖面图；(b)灰度图；(c)三维透射图

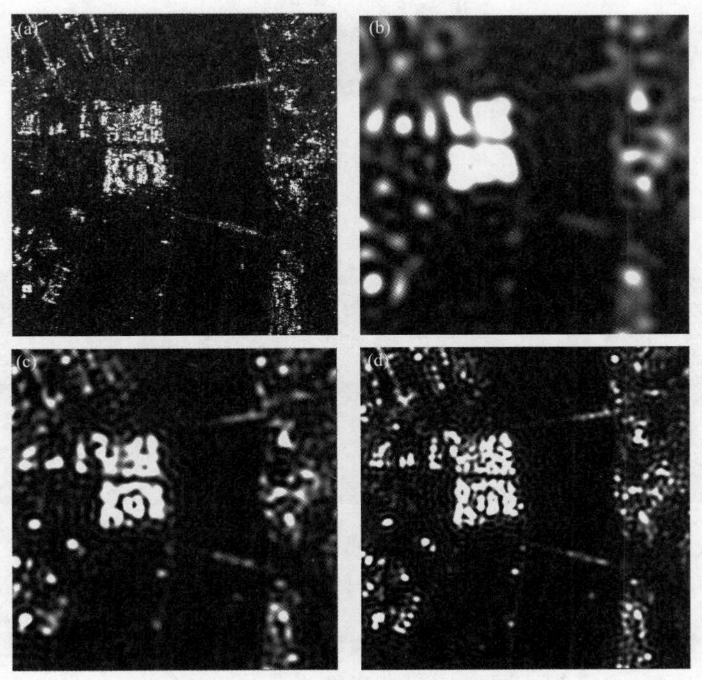

图 5.7　理想低通滤波器处理效果

(a)原图像；(b)$D_0=40$；(c)$D_0=80$；(d)$D_0=120$

巴特沃斯低通滤波器又称最大平坦滤波器，与理想低通滤波器不同，它的带通和带阻之间没有明显的不连续性，有一个平滑的过渡带。一个 n 阶的巴特沃斯低通滤波器传递函数 $H(u, v)$ 为：

$$H(u,v)=\frac{1}{1+[D(u,v)/D_0]^{2n}} \tag{5.16}$$

式中，D_0 为截止频率；n 为函数的阶。一般取使 $H(u, v)$ 最大值下降至原来的 1/2 时的 $D(u,v)$ 为截止频率。

与理想低通滤波器相比，巴特沃斯滤波器处理的图像模糊程度减少，因为它的 $H(u, v)$ 不是陡峭的截止特性，尾部会包含大量的高频成分(图 5.8)。另外，经巴特沃斯低通滤波器处理的图像将不会有振铃现象，因为在滤波器的通带和阻带之间有一个平滑过渡。图 5.9 为巴特沃斯低通滤波器原理示意图和滤波结果。

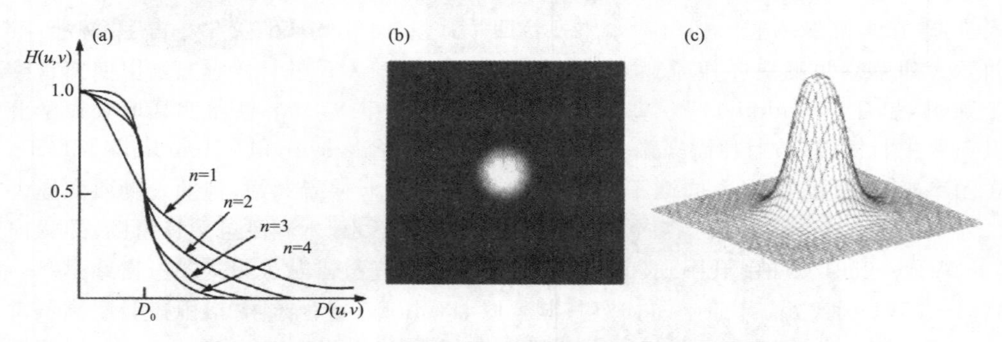

图 5.8　巴特沃斯低通滤波器示意图

(a)1 到 4 阶剖面图；(b)灰度图；(c)三维透射图

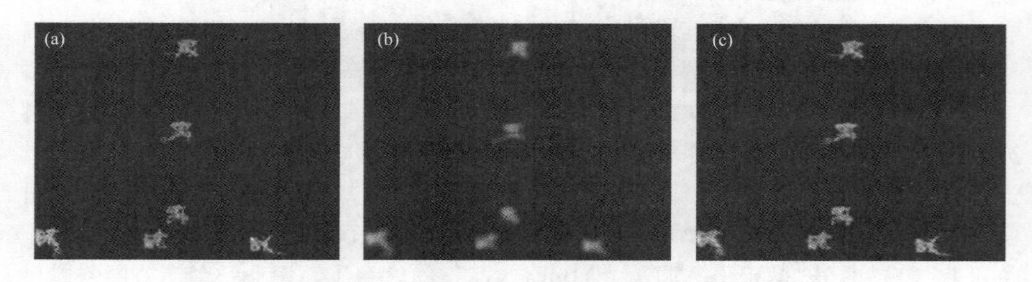

图 5.9　巴特沃斯低通滤波器处理效果

(a)原始 SAR 图像；(b)$n=5$，$D_0=20$；(c)$n=5$，$D_0=60$(黄世奇，2015)

低通滤波器的性能主要依赖于截止频率的选择，这类滤波器虽然能够有效地去除高频噪声但同时也模糊了图像的边缘和细节。对于 SAR 图像的斑点噪声，频域中主要存在高频部分，但同时目标的边缘和细节部分也在高频里面，去除斑点噪声的同时会滤除边缘和几何细节信息。

(4)基于小波变换的滤波

小波变换是 20 世纪 80 年代中后期发展起来的数学和信号处理算法,其基本思想是通过一个母函数在时间上的平移和在尺度上的伸缩来得到一个函数族,然后利用该族函数去表示或逼近信号或函数,获得一种能自动适应频变成分的有效信号分析算法。SAR 图像斑点噪声去除常用二维离散小波和二维平稳小波变换算法。

不论二维离散小波还是二维平稳小波,它们对图像进行滤波处理的过程相似。首先确定小波分解尺度,一般为 3～5 个尺度,然后进行小波分解,再逐层对各分解尺度的子图像进行滤波处理,等到所有分解尺度的全部子图像均进行完滤波处理后,进行小波逆变换,就获得了滤波后的图像。

用小波变换对图像进行滤波处理,最关键的技术就是如何确定各子图像滤波的阈值,不同的滤波阈值将产生不同的滤波结果。如果阈值较小,则去噪效果不明显,残留的噪声成分较多。如果阈值较大,则会丢失许多边缘和几何细节信息,而且对于软阈值策略重建的图像会变得模糊,而对于硬阈值策略下的重建图像将包含较多的伪边缘。因此,选择合适的滤波阈值非常重要。

用二维小波对图像进行滤波处理,按阈值的处理方式来分包括硬阈值法(hard shrinkage)和软阈值法(soft shrinkage)。硬阈值滤波法定义为:

$$\hat{I}=\begin{cases}I, & |I|\geqslant T\\ 0, & |I|<T\end{cases} \tag{5.17}$$

式中,I 为小波分解系数子图像;T 为阈值。将小波分解后的各子图像的像素灰度值的绝对值跟阈值进行比较,如果像素灰度值小于阈值,那么该像素点的灰度值设置为零;如果灰度值大于或等于阈值,那么该点的灰度值保持不变。硬阈值滤波能够有效保持边缘,但去噪效果不理想。

软阈值滤波法定义为:

$$\hat{I}=\begin{cases}\mathrm{sign}(I)(|I|-T), & |I|\geqslant T\\ 0, & |I|<T\end{cases} \tag{5.18}$$

将小波分解后的各系数子图像的像素灰度值的绝对值与阈值进行比较,灰度绝对值小于阈值的像素点的灰度值设置为零,大于或等于阈值的像素点灰度值为该点灰度值与阈值的差值,符号为正值。软阈值滤波能够有效去除噪声,但边缘保持能力较差。

第6章　雷达图像几何校正

由于遥感传感器、遥感平台和地球自转等方面的原因，遥感传感器获取的图像都存在几何变形。根据导致遥感图像几何变形的因素，可以分为内部和外部几何变形。内部几何变形一般由遥感成像系统本身造成，如传感器投影方式、扫描速度等引起的变形，这种变形一般具有一定规律，可通过分析传感器特性和星历数据进行校正。外部几何变形是指在遥感系统工作状态正常情况下，由外部因素造成的变形，如传感器的外方位(位置、姿态)变化、传输介质不均匀、地球表面曲率、大气折射和地形起伏等因素引起的变形，这种变形一般没有规律性，需要在获取图像后进行校正。

成像雷达因为采用主动方式成像，其斜距成像的投影方式与被动成像具有显著差异，导致雷达图像的几何变形特点与光学图像明显不同。雷达图像的几何校正就是将原始雷达图像进行坐标变换和重采样，生成一幅具有正射投影性质影像的过程。

6.1　雷达图像几何变形影响因素

6.1.1　斜距投影变形

侧视雷达为斜距投影传感器，如图6.1所示，S为雷达天线中心，y为雷达成像面，地面点P在雷达图像上的坐标为y_p，它是雷达波束扫描方向的图像坐标，可以根据斜距R_p以及成像比例尺k得：

$$k = \frac{f}{H} \tag{6.1}$$

式中，H为传感器航高，f为等效焦距。

斜距R_p可由航高H和雷达波束入射角θ表示为：

$$R_p = \frac{H}{\cos\theta} \tag{6.2}$$

由式(6.2)可得：

$$y_p = kR_p = \frac{kH}{\cos\theta} = \frac{f}{\cos\theta} \tag{6.3}$$

地面点 P 在等效中心投影图像(估计出等效焦距 f 之后,设想有一个焦距为 f 的摄影机与侧视雷达同时工作,获得同一地区的图像)成像面 oy' 上的像点 P' 的坐标可表示为:

$$y'_p = f\tan\theta \tag{6.4}$$

由式(6.3)、式(6.4)可得,雷达图像斜距投影坐标与等效中心投影图像坐标间的变形误差,即:

$$d_y = y_p - y'_p = f\left(\frac{1}{\cos\theta} - \tan\theta\right) \tag{6.5}$$

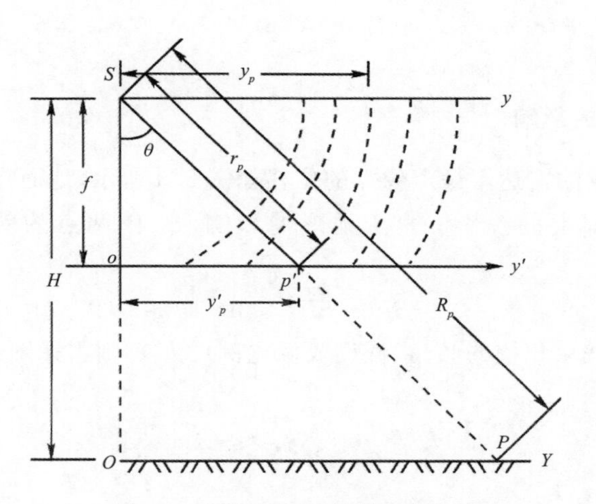

图 6.1　斜距投影引起的图像变形

可见,斜距显示的雷达图像上,在距离向上雷达图像的变形与距离传感器的位置、雷达波束扫描的角度相关,这与 4.2.1 节讨论的结论是一致的。

6.1.2　外方位元素的影响

雷达的外方位元素指雷达成像时的空间位置(Xs, Ys, Zs)和姿态角(φ, ω, κ),当外方位元素偏离雷达航线的标准位置时,会引起雷达图像的变形(图 6.2)。航向倾角 d_φ、方位旋角 d_κ引起波瓣沿航向的平移和指向的旋转,从而引起斜距的变化,旁向倾角 d_ω则会使照射带的范围发生变化。

除此之外,对于侧视雷达还应加上飞行速度。雷达传感器记录的是一系列的条斑,每一个条斑对应实地的一个点,或是一组等斜距的点,条斑中虚线段的长度及间隔在解码后决定了像点在图像上的位置。当雷达传感器的航速在运行过程中发生变化时，条斑的形状会发生改变，从而引起影像的变形。

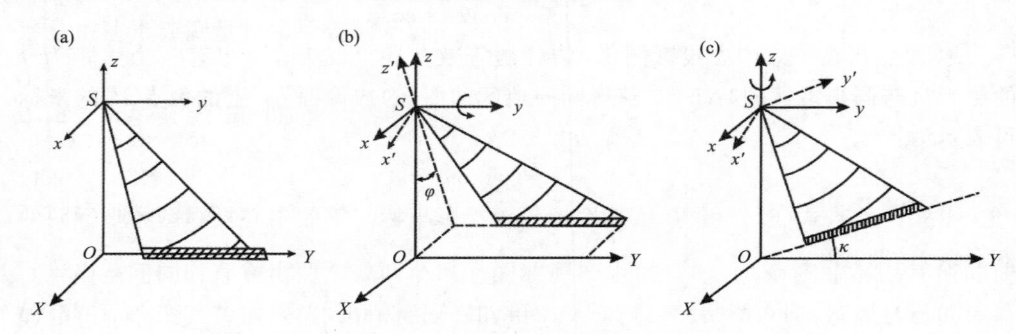

图 6.2 外方位元素引起的成像变化

(a) $d\varphi = d\omega = d\kappa = 0$；(b) $d\varphi \neq 0$；(c) $d\kappa \neq 0$

6.1.3 地形起伏的影响

地形起伏造成的雷达图像上像点的位移如图 6.3 所示，地面点 P' 的高程 h，P 为该点在地面基准面上的投影。由于地形的影响，P、P' 两点的斜距差可以近似表示为：

$$SP - SP' \approx h\cos\theta \tag{6.6}$$

式中，θ 角为雷达波束扫描的倾角，假设成像比例尺为 λ，则雷达图像上像点的偏移近似为：

$$d_y = y'_p - y_p \approx - \lambda\cos\theta \tag{6.7}$$

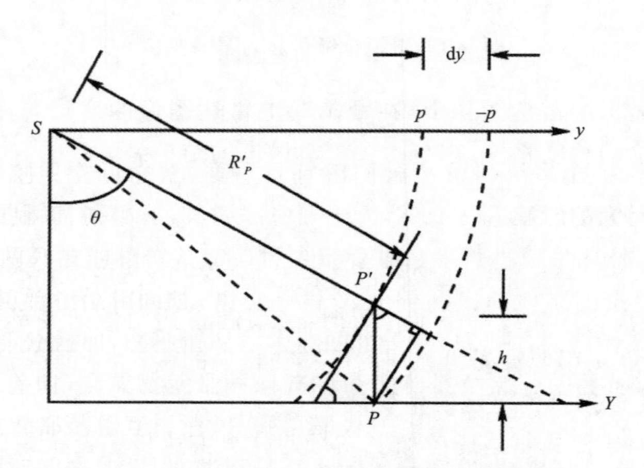

图 6.3 地形起伏引起的雷达图像像点位移

如图 6.4 所示，地形起伏对中心投影和斜距投影图像影响的对比，在中心投影图像上像点的位移是朝向背离原点，而在雷达图像上则是向原点方向。

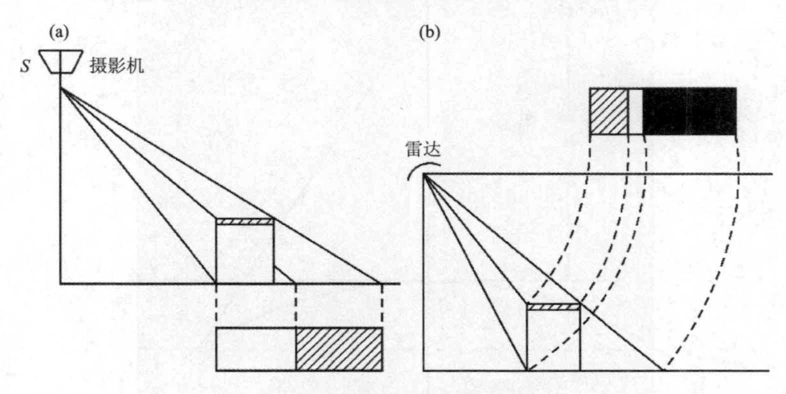

图 6.4　地形起伏对不同投影的影响

(a)中心投影；(b)斜距投影

6.1.4　地球曲率的影响

地球曲率对雷达图像变形的影响类似于地形起伏的影响，不同之处在于需将地面上的点投影到地球的切平面上，将高差 h 用 Δh 代替。如图 6.5 所示，地面点到传感器与地心连线的投影距离为 D，地球的半径为 R，根据相交弦定理可得：

$$D^2 = (2R - \Delta h)\Delta h \tag{6.8}$$

由于 Δh 相对于地球半径 R 是一个极小值，因此可以对式(6.8)进行简化得：

$$\Delta h \approx D^2/2R \tag{6.9}$$

根据中心投影地球曲率对图像坐标的影响有：

$$\begin{bmatrix} h_x \\ h_y \end{bmatrix} = \begin{bmatrix} -\Delta h_x \\ -\Delta h_y \end{bmatrix} = -\frac{1}{2R}\begin{bmatrix} D_x^2 \\ D_y^2 \end{bmatrix} = -\frac{1}{2R}\frac{H^2}{f^2}\begin{bmatrix} x^2 \\ y^2 \end{bmatrix} \tag{6.10}$$

式中，

$$D_x = X_P - X_s = x\frac{H}{f} \tag{6.11}$$

$$D_y = Y_P - Y_s = y\frac{H}{f} \tag{6.12}$$

$$H = -(Z_P - Z_S) \tag{6.13}$$

对于雷达图像，方位向的变形影响一般可以忽略，地球曲率对像点的影响只在距离向上，可以表示为：

$$h_y = D_y^2/2R = H^2\ y^2/2Rf^2 = H^2\ (\tan\theta)^2/2R \tag{6.14}$$

式中,θ 为相应于地面点 P 的仰角。

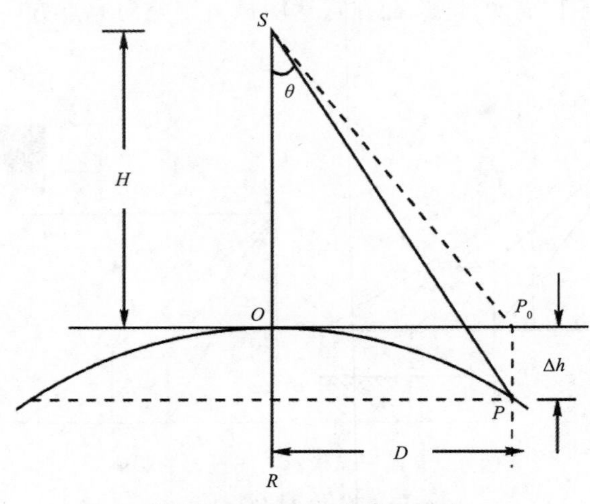

图 6.5　地球表面曲率的影响

6.1.5　大气折射的影响

大气层是一个非均匀的介质层,大气层密度随地面高度的增加而递减,导致电磁波在大气层中传播的折射率同样随着高度而改变,最终致使电磁波在大气层中传播的路线是一条曲线(图 6.6),从而引起雷达图像像点的位移。

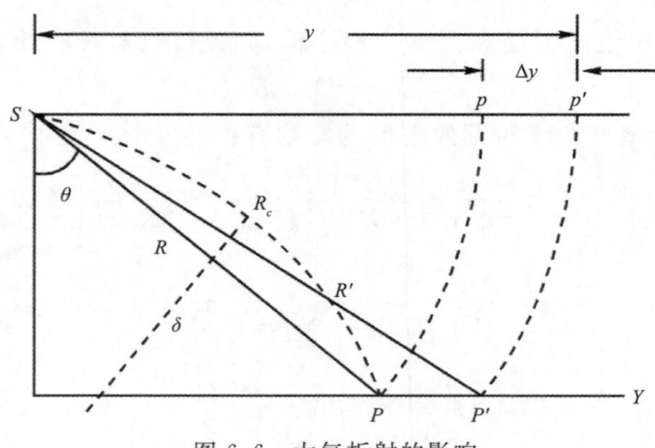

图 6.6　大气折射的影响

与光学摄影不同,雷达电磁波在传播过程中不是因为传播方向的改变而引起的像点位移,而是因为电磁波传播路径长度的改变进而引起电磁波传播过程时间的改变而引起的。如图 6.6 所示,在没有大气折射的影响下,假设地面点 P 在雷达图像

上的斜距为 R，当发射折射时，电磁波沿着弧距 R_C 到达目标点 P，其等效斜距 $R'=R_C$，导致在雷达成像面上地面点 P 的成像点 p 位移到 p'。

6.1.6　地球自转的影响

对于框幅式摄影成像来说，整幅图像瞬间一次成像，地球自转不会引起图像的变形。而对于卫星扫描成像来说，地球自转的因素不可忽略。当卫星由北向南飞行时，地球表面同时也在自西向东自转，由于卫星图像每条扫描线的成像时间不同，因而造成了扫描线在地面上的投影依次向西平移，引起图像的扭曲。如图 6.7 所示，理论上即假设地球静止状态下成像范围为 $onca$，而由于地球自转实际成像范围为 $onc'a'$，在实际图像的底边产生了坐标的位移 Δx 和 Δy，以及平均航偏角 θ。具体偏移量数值可以根据卫星轨道运行参数，如轨道面倾角、卫星运行角速度，结合地球平均曲率半径、地球自转角速度和图像底边中点地理纬度等信息进行定量求算。

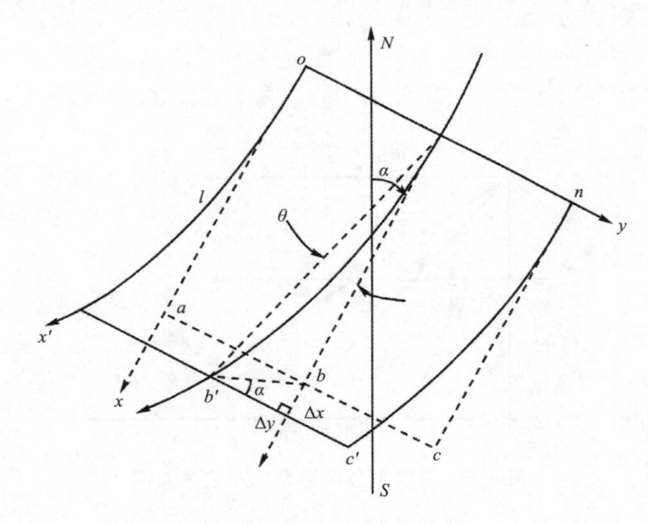

图 6.7　地球自转的影响

6.2　雷达图像的构像方程

6.2.1　基于等效中心投影的构像方程

侧视雷达有平面扫描、圆锥扫描等不同的工作方式，不同工作方式其构像方程也有不同的表达方法。当侧视雷达按回波向平面方式工作时，可以借助中心投影的构像方程——共线方程来表达成像雷达图像的构像方程，即基于等效中心投影的构像方程方法。等效中心投影即假设在雷达天线工作的同时，有一架相机在天线位置处拍摄了与雷达图像平均比例尺一致的一张像片。以此为基础，建立中心投影坐标与斜距投影坐标之间的转换关系，进而利用中心投影的构像方程基本公式——共线方程来表达雷达图像像点、地面目标点和雷达天线中心点（投影中心）三者之间的坐标关系。

如图 6.8 所示，S 点为雷达天线位置和相机的聚焦点，y' 为相机的承影面（即成像平面），y 为雷达成像面，AB 为雷达波束在地面上的照射带，p' 点为地面上 P 点在相机成像面的相应成像点，f 为相机焦距，H 为天线的高度，p 点为地面 P 点在雷达成像面上的成像点。P 点在以 S 点为坐标量测原点的图像坐标 y_p 有：

$$y_p = d_r + y_r \tag{6.15}$$

式中，d_r 为扫描延迟，即天线距照射带最近点 A 点的成像点坐标；y_r 为 p 点在雷达图像上的坐标，根据图示 $Sp' = y_p$，据此进一步计算中心投影图面上 P 点的坐标 yp'，有：

$$yp' = \sqrt{Sp'^2 - f^2} = \sqrt{(d_r + y_r)^2 - f^2} \tag{6.16}$$

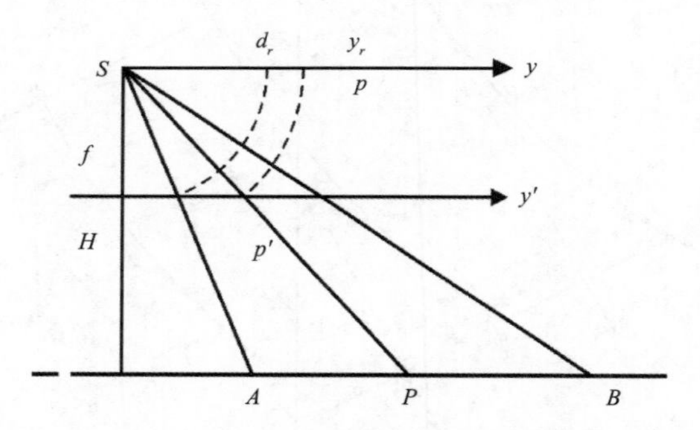

图 6.8　等效中心投影坐标对应关系图

根据中心投影共线方程，将雷达图像坐标代入，可得：

$$\begin{cases} x_{p'} = 0 = -f\dfrac{(X)}{(Z)} \\ y_{p'} = \sqrt{(d_r + y_r)^2 - f^2} = -f\dfrac{(Y)}{(Z)} \end{cases} \tag{6.17}$$

式中，(X)、(Y)、(Z) 表达式即框幅式图像共线方程中的表达式：

$$\begin{aligned} (X) &= a_{11}(X_P - X_S) + a_{21}(Y_P - Y_S) + a_{31}(Z_P - Z_S) \\ (Y) &= a_{12}(X_P - X_S) + a_{22}(Y_P - Y_S) + a_{32}(Z_P - Z_S) \\ (Z) &= a_{13}(X_P - X_S) + a_{23}(Y_P - Y_S) + a_{33}(Z_P - Z_S) \end{aligned} \tag{6.18}$$

式中，$x_{p'}$、$y_{p'}$ 为影像坐标，f 为焦距，(X_S, Y_S, Z_S) 为飞行平台位置坐标，(X_P, Y_P, Z_P) 为地面点坐标，$a_{ij}(i=1,2,3;j=1,2,3)$ 为方向余弦。对于 SAR 系统，成像过程是以雷达相对于地物点的运行速度为基础的，需要重新定义。可令传感器坐标系三轴的单位向量为 i, j, k，并定义为：

$$\begin{cases} i = \dfrac{V_S}{|V_S|} = (i_x, i_y, i_z) \\ j = \dfrac{(p-s)\times i}{|(p-s)\times i|} = (j_x, j_y, j_z) \\ k = \dfrac{i\times j}{|i\times j|} = (k_x, k_y, k_z) \end{cases} \tag{6.19}$$

则新定义的方向余弦为：

$$\begin{bmatrix} a_{11} & a_{12} & a_{13} \\ a_{21} & a_{22} & a_{23} \\ a_{31} & a_{32} & a_{33} \end{bmatrix} = \begin{bmatrix} i_x & j_x & k_x \\ i_y & j_y & k_y \\ i_z & j_z & k_z \end{bmatrix} \tag{6.20}$$

i 为标准化速度矢量 $\mathbf{V}_s$，$i=(i_x, i_y, i_z)=(v_x, v_y, v_z)$ 分别与方向余弦 (a_{11}, a_{21}, a_{31}) 对应。

以上为基于雷达影像平均比例尺建立的等效中心投影构像方程，由于雷达影像几何变形较大，尤其是在地形起伏区域，各点比例尺不一致，会造成较大误差。Konecny 和 Schuhr(1998)提出了对共线方程的改进，即考虑地形对投影点位置的影响因子，按地面为水平面的投影方式进行处理，形成如下方程式：

$$\begin{cases} x'_{gr} = 0 = -f\dfrac{a_{11}(X_P-\Delta X_P-X_{Sj})+a_{21}(Y_P-\Delta Y_P-Y_{Sj})+a_{31}(Z_0-Z_{Sj})}{a_{13}(X_P-\Delta X_P-X_{Sj})+a_{23}(Y_P-\Delta Y_P-Y_{Sj})+a_{33}(Z_0-Z_{Sj})} \\ y'_{gr} = d_r + y_r = -f\dfrac{a_{12}(X_P-\Delta X_P-X_{Sj})+a_{22}(Y_P-\Delta Y_P-Y_{Sj})+a_{32}(Z_0-Z_{Sj})}{a_{13}(X_P-\Delta X_P-X_{Sj})+a_{23}(Y_P-\Delta Y_P-Y_{Sj})+a_{33}(Z_0-Z_{Sj})} \end{cases} \tag{6.21}$$

式中，$\Delta X_P = m(X_P - X_{Sj})$，$\Delta Y_p = m(Y_p - Y_{Sj})$，

$$m = \frac{[(X_P-X_{Sj})^2+(Y_P-Y_{Sj})^2]^{1/2}-[(X_P-X_{Sj})^2+(Y_P-Y_{Sj})^2+(Z_P-Z_{Sj})^2-H^2]^{1/2}}{[(X_P-X_{Sj})^2+(Y_P-Y_{Sj})^2]^{1/2}} \tag{6.22}$$

式中，x'_{gr}，y'_{gr}，为像点坐标，X_P、Y_P、Z_P 为地面点在空间坐标系中的坐标，X_{Sj}、Y_{Sj}、Z_{Sj} 为天线几何中心在 j 时刻的位置，f_x、f_y 为等效焦距，Z_0 为数据归化面高程，H 为数据归化面相对航高，$a_{ij}(i=1,2,3;j=1,2,3)$ 是传感器方向余弦。

m 表达式的意义即点的平面位置因高程不同造成投影差异的因子，它相当于将斜距转换到归化面上的改正因子。P 点相应于数据归化面的高度为 PP'，在数据归化面上所有点的高程为 Z_0。如图 6.9 所示，OP' 为 P 点与天线 S 的水平距离，即 m

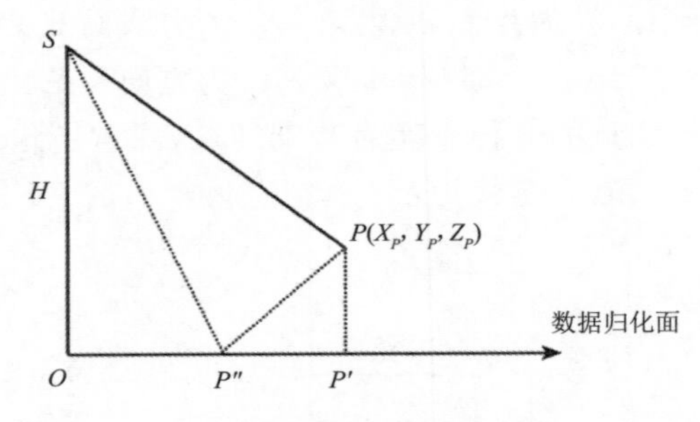

图 6.9　m 值的几何意义

表达式中分母所表达的几何意义。P''为 m 表达式中分子的第二项，因为 P''为以 S 为圆心 SP 为半径画弧交归化面的交点，即在归化面上按斜距投影关系，应在 P''的位置。$P'P''$就相当于 m 表达式中分子的几何意义，即因地形起伏所造成的斜距投影变形。

6.2.2　基于成像矢量关系和多普勒频移的构像方程

基于等效中心投影的构像方程通过建立斜距投影与中心投影的坐标对应关系，在坐标转换的基础上利用经典的摄影相片构像方程——共线方程表达雷达图像点与相应地物点的坐标关系，其实质是坐标代换，在一定程度上回避了侧视雷达构像机理。如果从雷达成像构像机理出发，可以通过基于成像矢量关系和多普勒频移进行构像方程的构建。该构像方程基于以下两个方面的关系进行构建：

(1)雷达波束扫描平面(照射带平面)与飞行速度矢量垂直；

(2)雷达波束中指向地物的矢量之模与影像坐标系统中相应的坐标比例关系。

由侧视雷达成像几何条件，平台飞行速度与天线到地物目标点的矢量是垂直关系，此时的多普勒频移为零，这一特性称为零多普勒条件(图 6.10)，雷达波束指向地物的矢量可以用地物点位置坐标矢量和天线位置矢量的差表示。矢量表达式可用斜距的矢量表达式表示，即：

$$\begin{cases} 0 = \boldsymbol{V}(\boldsymbol{P}-\boldsymbol{S}) \\ R = |\ \boldsymbol{P}-\boldsymbol{S}\ | \end{cases} \tag{6.23}$$

式中，$\boldsymbol{V}$ 为平台飞行速度矢量，$\boldsymbol{P}$ 为地面点的坐标矢量，$\boldsymbol{S}$ 为天线位置的坐标矢量。展开式为：

$$\begin{cases} 0 = V_X(X_P - X_S) + V_y(Y_P - Y_S) + V_Z(Z_P - Z_S) \\ d_r + y_r = \dfrac{1}{\lambda_P}\sqrt{(X_P - X_S)^2 + (Y_P - Y_S)^2 + (Z_P - Z_S)^2} \end{cases} \tag{6.24}$$

式中，d_r为扫描延迟，y_r为影像上点的坐标，λ_P为 P 点的比例尺。

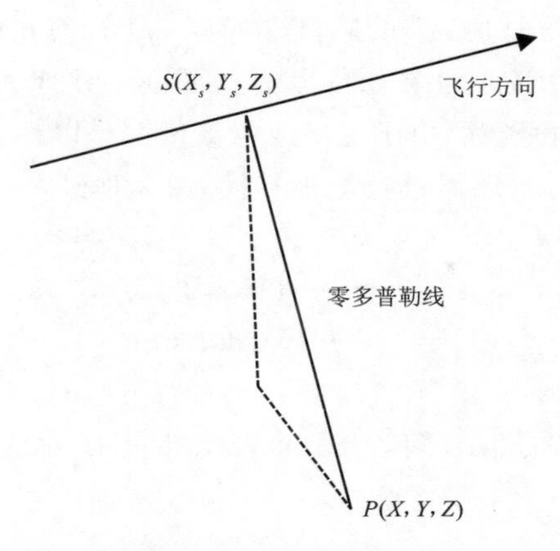

图 6.10　零多普勒条件

上述零多普勒条件适用于飞行速度较低的机载低空雷达，对于星载雷达其高度远高于机载雷达，此时考虑卫星的飞行速度、地球自转的影响，地物点回波散射的电磁波频率与雷达接收到的电磁波的频率之间存在的差异，即电磁波频率的位移量就不能忽略了。此时，多普勒频移量大小正比于卫星和地物的相对运动速度，具体计算公式如下：

$$f_D = -\frac{2}{\lambda} \times \frac{(\boldsymbol{V}_s - \boldsymbol{V}_G) \times (\boldsymbol{R}_s - \boldsymbol{R}_G)}{\boldsymbol{R}} \tag{6.25}$$

式中：f_D 为雷达波频率的多普勒位移量，λ 为雷达波波长，$\boldsymbol{V}_s$ 卫星速度的坐标矢量，$\boldsymbol{V}_G$ 为地物点速度的坐标矢量，$\boldsymbol{R}_s$ 为卫星的坐标矢量，$\boldsymbol{R}_G$ 为地物点的坐标矢量，$\boldsymbol{R}$ 为斜距向量，表示卫星与地物点的位置向量差。

假设地物点 G 在影像上位置为(i, j)，根据影像参数文件中起始行的多普勒频率中心处的协调世界时 UTC 数值 T_0，相应的 G 点影像数据获取的多普勒频率中心时刻 T 可以表示为：

$$T = \frac{N}{\mathrm{PRF}} \cdot i + T_0 \tag{6.26}$$

式中，N 为方位向视数，PRF 为脉冲重复频率。因此，G 点的多普勒频率为：

$$f_D = d_0 + d_1(t - t_0) + d_2(t - t_0)^2 + d_3(t - t_0)^3$$

式中，d_0、d_1、d_2、d_3 可由影像参数文件获得，t_0 为多普勒中心时刻，由公式(6.26)计算。

G 点的斜距向量 $\boldsymbol{R}$，可有下式计算：

$$\boldsymbol{R} = R_0 + \rho_r \cdot j \tag{6.27}$$

式中，R_0 为影像近传感器端斜距，ρ_r 为斜距影像的像元采样间隔，两个值均可在影像参数文件中查到。这样通过 G 点的影像坐标(i, j) 计算出斜距 $\boldsymbol{R}$,多普勒频率 f_D,相应的卫星位置$\boldsymbol{R}_s$ 和速度$\boldsymbol{V}_s$,如果有高程信息可以一并代入上述成像方程组,即可解算出相应于 G 点的地心坐标。由于卫星成像参量都是以地心直角作为参考系,因此如需获得 G 点的大地坐标,还需进行坐标转换。由大地经纬度(L,B,H) 计算地心直角坐标(X,Y,Z) 公式如下：

$$\begin{cases} X = (N+H)\cos B\cos L \\ Y = (N+H)\cos B\sin L \\ Z = [N(1-e^2)+H]\sin B \end{cases} \tag{6.28}$$

式中,e 表示地球椭球体的第一偏心率,N 表示纬度 B 对应的卯酉圈半径,其表达式为：

$$N = \frac{a}{\sqrt{1-e^2\sin^2 B}} \tag{6.29}$$

式中,a 为地球椭球体长半轴。

6.3　雷达图像的几何校正

6.3.1　多项式校正

多项式校正方法是遥感图像几何纠正最简单也是最常用的方法。雷达图像的几何变形是多种因素综合作用的结果,外方位元素、大气折射、地球曲率及地球自转等因素均会导致几何畸变,各种因素中有些是系统误差,有些则为偶然因素,不同因素产生畸变的过程及导致畸变的结果不同。多项式纠正方法原理就是回避成像的空间几何过程,而直接对图像变形的本身进行的数学模拟。

多项式纠正方法是近似的,不考虑雷达成像过程的严格几何关系,对于图像区域地形起伏不大,精度要求不高时,多项式纠正方法可以满足需要。常用的二元齐次多项式纠正变换方程为：

$$\begin{cases} x = a_0 + (a_1X + a_2Y) + (a_3X^2 + a_4XY + a_5Y^2) + (a_6X^3 + a_7X^2Y + \\ a_8XY^2 + a_9Y^3) + \cdots \\ y = b_0 + (b_1X + b_2Y) + (b_3X^2 + b_4XY + b_5Y^2) + (b_6X^3 + b_7X^2Y + \\ b_8XY^2 + b_9Y^3) + \cdots \end{cases} \tag{6.30}$$

式中,x、y 为像元的原始图像坐标;X、Y 为纠正后同名点的地面(或地图)坐标;a_i、b_i 为多项式系$(i=0, 1, 2,\cdots)$。实际工作中,地面控制点的数量要满足多项式方程的求解要求,系数通过平差的方式求算。多项式系数求出后,根据上述公式即可以求算原始图像任一像元的坐标，在此基础上对坐标校正后的像元灰度值进行内插重采样，获取规定投影的校正后图像。

多项式纠正精度取决于地面控制点的数量、控制点的精度及控制点的分布。控制点一般需在图名上呈均匀分布，且变形较大的区域应多选，控制点的精度越高则校正的精度越高。控制点的数量一般多于多项式系数的个数，因此，多项式系数的求解是根据最小二乘法原理的迭代运算过程。此外，多项式次数的选取也是纠正精度的重要影响因素，并不是次数越高精度越高，常用的次数为二次多项式，次数越高多项式稳定性越低、误差越大、且计算量也越高。

6.3.2　基于构像方程的校正

侧视雷达图像构像方程描述了雷达图像坐标和相应地面点坐标之间严格的几何关系，因此可以基于构像方程，结合雷达成像参数和地面数字高程模型(DEM)，根据地面控制点进行几何校正。由于考虑了地面点的高程，基于构像方程的校正方法可以有效消除因地形起伏引起的图像几何变形和投影差。

基于地心直角坐标的构像方程公式(6.24)和坐标变换方程公式(6.28)，可以看出，由于雷达天线地心坐标是星下点 S 的地理经纬度 L_S、L_B 和卫星飞行高度 H_S 的函数，速度分量 V_x、V_y、V_z 则是独立变量，所以构像方程中的独立参量共有 6 个，即 L_S、L_B、H_S、V_x、V_y、V_z。

由公式(6.24)建立图像坐标的观测值方程：

$$\begin{cases} V(x)=\dfrac{\partial(x)}{\partial L_s}\Delta L_S+\dfrac{\partial(x)}{\partial B_s}\Delta B_S+\dfrac{\partial(x)}{\partial H_s}\Delta H_S+\dfrac{\partial(x)}{\partial V_x}\Delta V_x+\dfrac{\partial(x)}{\partial V_y}\Delta V_y+ \\ \qquad\dfrac{\partial(x)}{\partial V_z}\Delta V_z+\dfrac{\partial(x)}{\partial X_P}\Delta X_P+\dfrac{\partial(x)}{\partial Y_P}\Delta Y_P+\dfrac{\partial(x)}{\partial Z_P}\Delta Z_P-l_x \\ V(y)=\dfrac{\partial(y)}{\partial L_s}\Delta L_S+\dfrac{\partial(y)}{\partial B_s}\Delta B_S+\dfrac{\partial(y)}{\partial H_s}\Delta H_S+\dfrac{\partial(y)}{\partial Y_P}\Delta X_P+\dfrac{\partial(y)}{\partial Y_P}\Delta Y_P+ \\ \qquad\dfrac{\partial(y)}{\partial Z_P}\Delta Z_P-l_x \end{cases} \tag{6.31}$$

加上控制点地面坐标的观测值误差，则有：

$$\begin{bmatrix} v_x \\ v_y \\ v_z \end{bmatrix}=\begin{bmatrix} 1 & 0 & 0 \\ 0 & 1 & 0 \\ 0 & 0 & 1 \end{bmatrix}\begin{bmatrix} \Delta X \\ \Delta Y \\ \Delta Z \end{bmatrix}-\begin{bmatrix} X_P-X'_P \\ Y_P-Y'_P \\ Z_P-Z'_P \end{bmatrix} \tag{6.32}$$

式中，X'_P、Y'_P、Z'_P 为控制点地面坐标在每次迭代后加上改正数 ΔX、ΔY、ΔZ 所得。将以上两类误差方程放在一起，组成总体误差方程式：

$$\begin{bmatrix} V_1 \\ V_2 \end{bmatrix}=\begin{bmatrix} A_1 & B_1 \\ 0 & B_2 \end{bmatrix}\begin{bmatrix} \Delta A \\ \Delta B \end{bmatrix}-\begin{bmatrix} L_1 \\ L_2 \end{bmatrix} \tag{6.33}$$

式中，$\boldsymbol{V}_1 = [V(x)V(y)]^{\mathrm{T}}$，权阵为 $\boldsymbol{P}_1$，$\boldsymbol{V}_2 = [v_x\ v_y\ v_z]^{\mathrm{T}}$，权阵为 $\boldsymbol{P}_2$。

$\boldsymbol{A}_1$ 矩阵中的元素为：

$$\begin{cases} a_{i1} = \partial(x)/\partial L_S, a_{i2} = \partial(x)/\partial B_S, a_{i3} = \partial(x)/\partial H_S \\ a_{i4} = \partial(x)/\partial V_X, a_{i5} = \partial(x)/\partial V_Y, a_{i6} = \partial(x)/\partial V_Z \\ a_{(i+1)1} = \partial(y)/\partial L_S, a_{(i+1)2} = \partial(y)/\partial B_S, a_{(i+1)3} = \partial(y)/\partial H_S \\ a_{(i+1)4} = a_{(i+1)5} = a_{(i+1)6} = 0 \end{cases} \tag{6.34}$$

$\boldsymbol{B}_1$ 矩阵中的元素为：

$$\begin{cases} b_{i1} = \partial(x)/\partial X_P, b_{i2} = \partial(x)/\partial Y_P, b_{i3} = \partial(x)/\partial Z_P \\ b_{(i+1)1} = \partial(y)/\partial X_P, b_{(i+1)2} = \partial(y)/\partial Y_P, b_{(i+1)3} = \partial(y)/\partial Z_P \end{cases} \tag{6.35}$$

式中，$i=1, 3, 5, \cdots, 2n-1$，n 为控制点数目。

$\boldsymbol{B}_2$ 为单位矩阵，$\boldsymbol{\Delta A}$、$\boldsymbol{\Delta B}$ 分别为：

$$\begin{cases} \boldsymbol{\Delta A} = [\Delta L_S \Delta B_S \Delta H_S \Delta V_x \Delta V_y \Delta V_z]^{\mathrm{T}} \\ \boldsymbol{\Delta B} = [\Delta X_P \Delta Y_P \Delta Z_P]^{\mathrm{T}} \end{cases} \tag{6.36}$$

上述构像方程和相应观测值误差方程式是基于图像上单个点构建的，对于一个控制点可以建立 5 个误差方程式，待解算的参量有 9 个；对于 n 个控制点，则可以建立 $5n$ 个误差方程式，但待解算的参量不是 9 个，因为图像中一行上的所有点共有一套独立参数。不同的行各有一套独立参数，若解算出第一行的参数，则后续行参数可认为是第一行参数加上按时间或行数的改变量：

$$L_{Si} = L_{S0} + i \cdot \Delta L_S \tag{6.37}$$

式中，i 是行序号，L_{S0} 是第一行星下点经度参数。只要解算出第一行的 6 个参数及其行序改变量，则任一行的参数均可以计算出来。因此，不考虑控制点地面坐标观测值的改变量，待解算的参量有 12 个，只要有 6 个或以上的控制点，即可解算出所有参量。

在建立误差方程式和法方程式的过程中，涉及各图像控制点所在行对应的独立参量，需要对第一行的参量和行序改变量的初值作出估计。这需要根据卫星星历参量来确定初值，如有些卫星图像（如 ERS-1 图像）参数文件中第一行的“状态矢量”即相应于第一行的卫星坐标（地心坐标）和速度矢量，同时还提供图像四角点的经纬度和图像中心点的经纬度，这就为估算相应第一行和其他各行的星下点经纬度提供了依据。标称的航行高度可以作为 H 的初值，其行序改变量初值可定为零，同样速度行序改变量初值也可以确定为零。参数的解算是一个迭代过程，只有当 $i+1$ 次解算结果与第 i 次解算结果差的绝对值少于给定阈值时，停止迭代运算，即可得到校正后的图像坐标。

经过迭代运算得到的像点坐标一般不会是整数，即图像坐标一般不会位于原始图像点的像素中心位置，因而需要进行像素灰度值的内插重采样。一般采用双线性内插方法进行像点灰度值的计算，将新的灰度值赋给校正后相应的像素。

6.3.3　锚点校正

相对于多项式校正，利用构像方程对雷达图像进行逐像元的几何校正方法可以满足较高的精度要求，但逐像元校正导致效率相对较低，因此，可以综合运用多项式和构像方程的方法进行校正，这就是锚点校正法。锚点校正法结合了多项式校正的高效与构像方程方法的高精度优点，兼顾了效率与校正的精度，其方法流程为预先在雷达图像上确定一个格网，格网的间距由 DEM 地形起伏情况确定，格网内部地形相对较为平坦均一；读取格网点上的高程 DEM 数据，对格网点上的坐标按构像方程计算图像坐标，完成格网点上坐标的校正；以每一格网上的 4 个点作为控制点，再对网格内的坐标点按多项式方法校正；最后进行灰度值的内插重采样，得到校正后的图像。

第7章　雷达干涉测量

7.1　雷达干涉测量概述

7.1.1　雷达干涉测量概念

干涉测量的概念和方法在光学和应用物理学中很早就已出现，通常利用两个光源向一个目标发射相干光，根据两束相干光照射的相位差高精度计算目标的距离。合成孔径雷达干涉(Synthetic Aperture Radar Interferometry，InSAR)原理与此类似(图7.1)，它利用SAR在不同位置上对同一区域进行观测获取的两幅复影像(影像既有回波强度信息，同时又记录相位信息)，进行相干处理，结合传感器高度、雷达波长、波束视向及天线基线距离及其几何关系，精确测量出观测区域每一点的三维位置及变化信息，从而获得目标表面地形高度及形变信息。

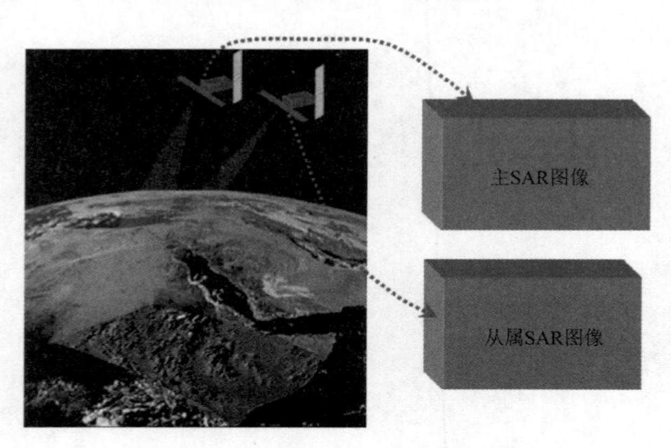

图7.1　卫星雷达干涉测量示意图

Rogers和Ingalls(1969)首次提出了利用InSAR技术对火星和月球表面进行观测的设想，1972年NASA利用InSAR技术获取了月球表面的地形数据，精度在500 m

以内。1974 年 Graham 第一个将 InSAR 技术用于地球表面的地形制图，他利用光学处理的技术证明了 InSAR 测绘地形图的可能性。1985 年美国喷气推进实验室(JPL)最早在出版的刊物中介绍了 InSAR 技术成果。1986 年在旧金山海湾，Zebker 和 Goldstein 用机载的 InSAR 装置获得了高程精度达 2～10 m 测量成果。1991 年，NASA/JPL 将 AIRSAR 系统改装成 TOPSAR(Topographic SAR)干涉雷达，是第一个机载双天线干涉系统，系统利用装载在 DC-8 型飞机左侧垂直方向的两个天线，基线长度为 2.6 m，雷达工作波段为 C 波段(波长 6 cm)，1994 年将 GPS/INS(全球定位系统/惯性导航系统)装载到这一飞机上，干涉测量的平地精度为 1 m，山地精度为 3 m，数据的水平分辨率为 5～10 m，这一航空 InSAR 方案当时在某些方面可取代航空摄影，并为发展航天 InSAR 技术奠定了基础。

早期的 InSAR 测量主要基于机载系统，1991 年 7 月，欧洲航天局(ESA)发射了第一颗载有合成孔径雷达装置的卫星 ERS-1，可依靠单天线的重复观测雷达数据用于干涉测量。1995 年 ERS-2 的发射使得同时利用 ERS-1 和 ERS-2 相隔 1 d 的图像进行干涉处理成为可能，并大大提高了处理的精度。2000 年底，美、德、意联合研制的 SRTM(Shuttle Radar Topography Mission)计划实施成功，用于航天飞机雷达地形测绘，采用双天线雷达干涉法，在其 11 d 的飞行中对地球近 80%的陆地表面进行了干涉成像，在 30 m 的水平网络上，高程测量精度可达 16 m，获取的数据覆盖范围与数据质量至今仍具有重要意义，该数据主要应用于军事，可用于武器制导、军事任务计划、飞行训练仿真和导航等。

近年来，随着各个国家和组织新一代雷达卫星的陆续发射成功，提供了更为丰富和高质量的 InSAR 数据源，随着 Radarsat-2、TerraSAR-X、Cosmos-Skymed 等雷达卫星的先后发射成功，特别是 TanDEM-X/TerraSAR-X 卫星编队 InSAR 系统的成功运行(图 7.2)，加上 GNSS 定位精度的不断提高，传感器高精度空间定位得以解决，使得全球 InSAR 技术的应用进入到全新、高效的阶段。

InSAR 技术的另外一个重要的应用是地表形变信息的获取，InSAR 技术可充分利用雷达回波信号所携带的相位信息来计算地面的三维坐标，利用 D-InSAR 技术可精确测量滑坡、地震导致的位移以及地表沉降等的微小形变。

经过多年的发展，特别是近十几年来的快速发展，InSAR 技术已经从双天线交轨干涉测量，发展到机载、星载雷达单天线重轨干涉测量及卫星编队干涉测量。随着雷达传感器技术的日臻完善，GNSS 精度的提高及进一步普及，特别是欧洲航天局伽利略计划的成功运行，以及 TerraSAR-X 和 Cosmos-Skymed 等高精度 InSAR 系统的成功运行，InSAR 技术的应用将会更加广泛。

图 7.2 TanDEM-X/TerraSAR-X:卫星编队 InSAR 系统

7.1.2 雷达干涉测量原理

InSAR 是通过两副天线同时或一副天线两次对同一目标进行观测,从而获取同一区域的两幅复影像。由于在不同位置上成像,两幅复影像具有相位差,因而可以形成雷达干涉图,从而可通过测定相位差的方式计算目标的高程。InSAR 测量与传统的雷达立体测量有本质的区别,传统的雷达立体测量是通过两张雷达相片的立体观测方式获取地面三维信息,而雷达干涉测量则是通过测量雷达干涉图的相位差来获取地面目标的三维信息。此外,传统的雷达立体测量受影像的分辨率和立体像对基高比的影响,获取的地面目标高程精度相对较低。

以交轨干涉测量为例,如图 7.3 所示,A_1、A_2代表了两个天线的位置,H 是 A_1 的高度,θ 为 A_1 的入射角,ρ 为 A_1 到目标的距离,$\rho+\delta\rho$ 为 A_2 到目标点的距离,B 为两天线的距离,即基线,α 是基线相对于水平方向的夹角,目标点高程为 $Z(y)$,其中 y 表示大地平面中垂直于飞行方向的方向。

根据图示,目标点 Z 的高程可以按式(7.1)计算:

$$Z(y) = H - \rho\cos\theta \tag{7.1}$$

根据三角形余弦定量,有:

$$\begin{aligned}(\rho^2 + \delta\rho)^2 &= \rho^2 + B^2 - 2\rho B\cos(90 - \theta + \alpha)\\ &= \rho^2 + B^2 - 2\rho B\sin(\theta - \alpha)\\ &= \rho^2 + B^2 + 2\rho B\sin(\alpha - \theta)\end{aligned} \tag{7.2}$$

式(7.2)进一步展开,整理可得:

$$\rho^2 + 2\delta\rho^2 + (\delta\rho)^2 = \rho^2 + B^2 + 2\rho B\sin(\alpha - \theta)$$

$$(\delta\rho)^2 - B^2 = 2\rho B\sin(\alpha - \theta) - 2\delta\,\rho^2$$

$$= \rho[2B\sin(\alpha-\theta)-2\delta\rho] \tag{7.3}$$

因此有：

$$\rho = \frac{(\delta\rho)^2 - B^2}{2B\sin(\alpha-\theta)-2\delta\rho} \tag{7.4}$$

如果由 A_1、A_2 对目标点的实际量测相位差为 φ_t，则距离差 $\delta\rho$ 可以表达为：

$$\delta\rho = \frac{\varphi_t}{2\pi}\lambda \tag{7.5}$$

式(7.3)代入式(7.2)式，得：

$$\rho = \frac{(\lambda\varphi_t/2\pi)^2 - B^2}{2B\sin(\alpha-\theta)-\lambda\varphi_t/\pi} \tag{7.6}$$

最后，代入式(7.1)，得到地面点 Z 的高程计算式：

$$Z(y) = H - \left[\frac{(\lambda\varphi_t/2\pi)^2 - B^2}{2B\sin(\alpha-\theta)-\lambda\varphi_t/\pi}\right]\cos\theta \tag{7.7}$$

可见，地面点高程的计算与基线 B、两天线的相对定向角度 α 及天线高度 H 相关。只要获取到以上卫星参数及相位差值，就可解算得到目标点高程信息。

基线 B、相对定向角度 α 及航高 H 等信息，可以依靠飞机或卫星上装载的 GNSS 接收机和惯性导航系统 INS，通过精确确定天线位置和姿态来确定。两副天线接收信号的相位差值是一个实数值，其整数部分是回波路径差的整周数，小数部分即(0，2π)区间内的数值，是不足波长的相位值，该值可以直接获取。整周数的相位差被称

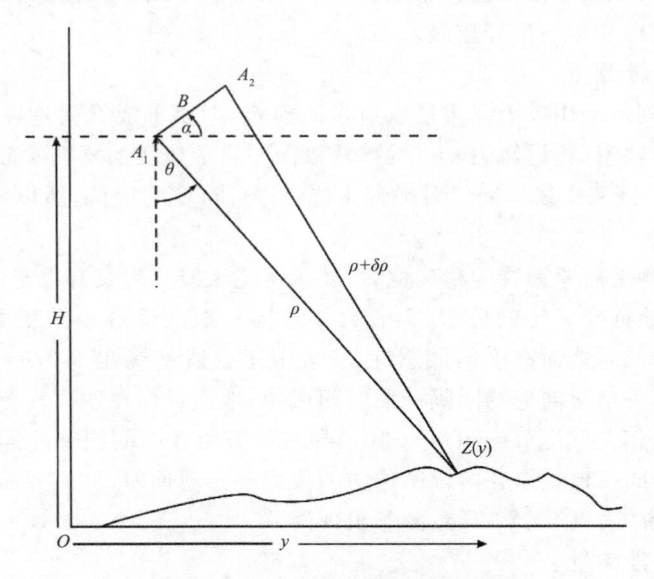

图 7.3　交轨干涉测量几何示意图

为纠缠相位，需要进行相位解缠(Phase Unwrapping)求算，相位解缠就是计算相位差整周数部分的过程，最后将整周数与相位差值小数部分加起来即可用于高程值的计算。

根据解缠后相位信息可生成干涉条纹图，干涉条纹图中包含了斜距向上图像点与两次平行观测路线之间的精确信息。因此，利用传感器高度、雷达波长、波束视向及天线基线之间的几何关系，即可精确地测量出图像上每一点的三维高程信息。

7.1.3 雷达干涉测量工作模式

雷达干涉测量通过系统对同一目标区域不同位置上的两次观测成像来实现，两次成像不一定同时进行。按 InSAR 系统两次成像信号获取的方式，可以分为以下三种工作模式：交轨干涉测量(Across Track Interferometry)、重轨干涉测量(Repeat Pass Interferometry)和顺轨干涉测量(Along Track Interferometry)。

(1)交轨干涉测量

交轨干涉测量也称为距离向干涉测量，系统采用单轨双天线模式，即在飞行平台上同时装载两副天线，两副天线的连线与飞行方向保持垂直，其中一副天线负责发射并同时具有接收雷达回波的能力，另一个则只负责接收，这样同一目标的相位差反映了地面目标至两副天线的距离差。交轨干涉模式两副天线之间的基线固定，只要能准确确定平台位置，根据几何关系模型就可获得高质量的干涉测量数据和高程计算结果。该模式的缺点是基线选择余地较小，一般应用于机载或航天飞机雷达测量任务，用于地形制图和地表形变监测。

(2)重轨干涉测量

重轨干涉测量采用单天线重复轨道观测模式，即要求成像雷达在尽可能短的时间内，在不同的轨道(相近轨道)上，两次获取同一目标地区的复影像形成干涉的两幅影像(图 7.4)。该工作模式需要对平台飞行轨道进行精确定位，所以常用于星载 In-SAR 系统。

重轨干涉测量需要天线的精确位置，要求雷达天线必须具有稳定的姿态，并且其等效的基线必须符合一定的要求：太长会导致同一地区信号差异变大，相关程度降低；太短则会降低对地面高度的敏感性，一般卫星合适基线在 100～400 m。对于重轨干涉测量，因为是对同地物间隔一段时间成像，地面目标在两次观测期间可能会发生变化，产生去相关问题(Decorrelation)，导致一方面在两幅图像配准搜索同名点时会遇到困难，即同一地物点在两幅图像中的位置会出现偏差；另一方面对于同一点上的相位差也会有“失真”现象，导致测量出现误差。

(3)顺轨干涉测量

顺轨干涉测量又称为方位向干涉测量，该工作模式下两副天线安置的位置是沿

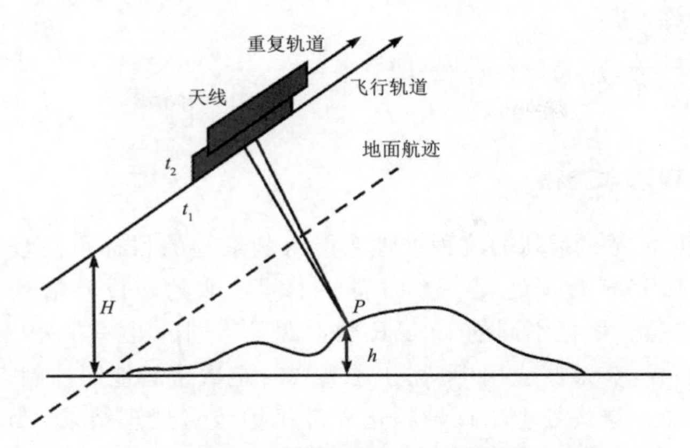

图 7.4　重轨干涉测量示意图(王超 等,2002)

轨道方向一前一后(图 7.5),两副天线同时发射和接收信号,该模式主要用于机载雷达干涉测量系统。在这种工作模式下,目标地物点回波的相位差是由观测期间目标的运动产生,由下式表示:

$$\varphi_t = \frac{4\pi}{\lambda} \frac{u}{V} B_X \tag{7.8}$$

式中,u 表示地物点的运动速度,V 为平台飞行速度,B_X 表示沿飞行方向的基线,λ 为雷达波长。顺轨干涉测量模式同样受飞机姿态的影响,主要是仰俯和航偏造成在 Z 方向和 Y 方向形成基线分量,从而产生的附加相位差误差。顺轨干涉测量工作模式主要用于海洋动态监测,如海流速度制图、海冰漂移和海上运动目标的监测以及方向波浪谱和海洋水下目标尾波等的监测。

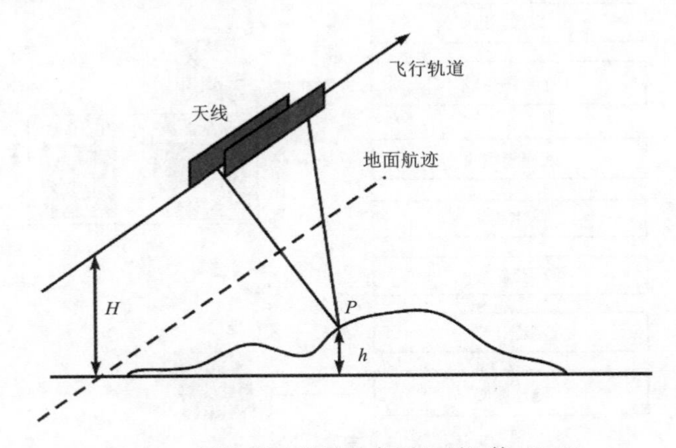

图 7.5　顺轨干涉测量示意图(王超 等,2002)

7.2　雷达干涉测量数据处理

7.2.1　数据处理基本流程

InSAR 数据需要一系列的流程处理才能得到最终的目标点高程信息，根据干涉测量算法机理，InSAR 数据处理一方面需要干涉获取的相位差信息，还需要精确的平台轨道参数信息。根据不同的 InSAR 数据源及不同的处理方法，具体的数据处理流程可能会有差异，在某些应用中，往往还需要一定数量的地面控制点来解算有关的参数，或者需要经过迭代处理来逐渐精化和准确地改善处理结果。InSAR 数据处理基本流程如图 7.6 所示(李平湘 等，2016)，具体步骤可以分为以下三个阶段：(1)数据导入，主要包括单视复型数据 SLC(Single-look Complex)影像、轨道参数等数据的导入；(2)干涉数据处理，包括对主影像、副影像的配准，干涉图和相干图的生成、图像滤波、相位解缠等步骤；(3)DEM 的生成，主要是由相位差到高程的转换，包括高程计算和地理编码。

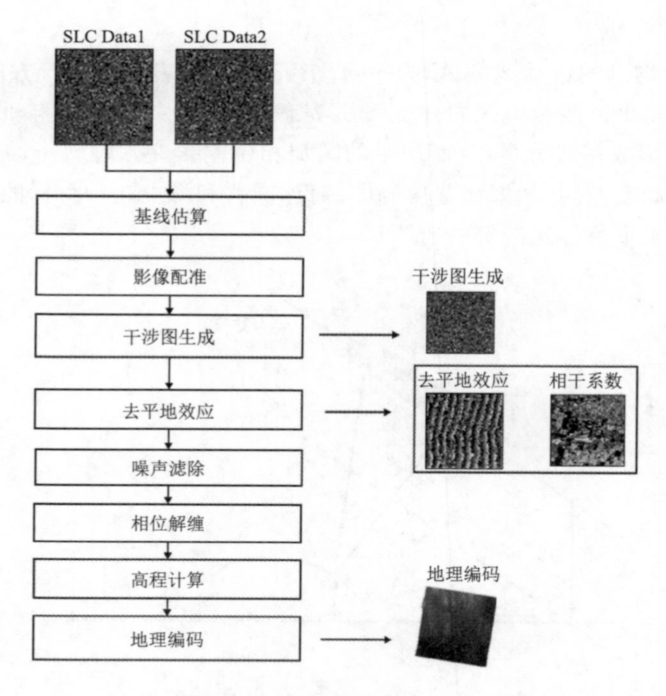

图 7.6　InSAR 数据处理基本流程图(李平湘 等，2016)

7.2.2　基线估计

在重轨干涉测量工作模式下，基线估计是 InSAR 数据处理过程的必要环节之一，只有获得精确的基线参数，才能完成地面目标点高程的计算。基线估计主要基于以下两种途径进行，一是基于星历参数或 GNSS 参数的基线估计；二是基于地面控制点 GCP 的基线估计。

在雷达 SLC 图像头文件中提供了图像第一行、中间行和最后行的成像时间，还有若干点位置上卫星的位置矢量和速度矢量，可以根据这些参数计算得到图像上每一行的成像时间及相应的轨道参数。每一行成像的卫星位置确定后，就可以计算两次卫星对同一地面点成像行对应的基线。根据卫星 SAR 成像原理，如果以第一景图像中心点的卫星位置矢量和速度矢量为基准，通过计算可以得到基线矢量和速度矢量垂直时第二景图像的卫星位置。由于两景图像的方位向分辨率一致，计算出第一景图像中间行与第二景图像的基线后，其他成像行的基线也同样可以得到。

基于地面控制点 GCP 的基线估计，需要预设若干个地面控制点，控制点之间的相对距离和相对高度（高差）已知，而且各点之间的干涉相位差已知。在此基础上，根据重轨干涉测量 InSAR 几何原理，通过构建控制点与两次成像的卫星位置几何关系非线性方程，就可以解算获得卫星成像位置，进而确定相应的基线参数。

7.2.3　复型数据配准

由于两幅 SAR 影像存在成像轨道、视角或成像时间的偏差，在距离向和方位向上都会产生一定的错位或扭曲，在生成干涉图之前必须首先对同一地区的两幅复影像进行精确配准，使两景影像上对应像元为地面上的同一目标点。干涉测量只能基于单视复型数据或未经处理的原始数据处理得到（图 7.7），因为成像后数据丢失了关键的相位信息，而未处理的数据可以按照干涉的需求进行优化。雷达影像可以表示为复数据形式：$Z=a+bj$，其中 Z 表示像素，a 和 b 分别表示 I 通道值和 Q 通道值。复数的模表示复数据的幅度信息，复数的相位表示复数据的相位信息。

雷达影像配准工作就是使同一地区的两幅雷达影像按照同名像点在空间位置上实现套合，即确保用于计算干涉相位的两幅复图像的点必须对应同一地面点。理论上，雷达影像对的配准精度需要达到子像素级（1/10 像素），只有这样才能使地面目标的高程量测精度得以保证。而通常 InSAR 影像对是单视数的复影像，没有进行任何辐射分辨率改善，雷达影像纹理较为模糊，且原始的雷达影像还受到斑点噪声的影响，要达到子像素级的影像配准精度一般有很大难度。一般可以通过干涉条纹图的质量评估影像配准的精度，当两幅 InSAR 复影像精确配准时，其相位差影像将有明显的干涉条纹，当配准精度不高时，干涉条纹将变得模糊。

图 7.7　原始振幅数据的灰度化结果

影像配准工作主要包括控制点的确定、坐标变换和灰度重采样三个步骤。其中控制点选取即从主影像和副影像两幅影像上找同名的点作为配准控制点，一般采用自动或半自动方法进行。常用的方法如相干系数法，首先在主影像上以待匹配的点为中心取一个一定大小的参考窗口，对应地从副影像上的一定搜索范围内逐点逐行移动一个与参考窗口一致大小的匹配窗口，并计算两个窗口内灰度的相干系数，相干系数最高的点即为最佳匹配点。

7.2.4　干涉图生成

两幅雷达影像精确配准之后，就可以进行干涉图的生成，干涉图是对两影像复数值共轭相乘计算得到每一同名点上的[$-\pi,\pi$]之间的相位差主值，并将这一结果灰度化显示的结果图(图 7.8)，也称为干涉条纹图(Interferogram 或 Fringe Image)。

根据匹配模型，对复影像的复数值(包括振幅和相位)进行重采样，并对两影像复数值共轭相乘：

$$S(x,y)=S_1(x,y)S_2^*(x,y) \tag{7.9}$$

若以极坐标的形式表示，则为：

$$\begin{aligned}S(x,y)&=A_1(x,y)\mathrm{e}^{j\varphi_1(x,y)}A_2(x,y)\mathrm{e}^{j\varphi_2(x,y)}\\&=A_1(x,y)A_2(x,y)\mathrm{e}^{j[\varphi_1(x,y)-\varphi_2(x,y)]}\\&=A(x,y)\mathrm{e}^{j\Delta\varphi(x,y)}\end{aligned} \tag{7.10}$$

$$\Delta\varphi(x,y)=\varphi_1(x,y)-\varphi_2(x,y) \tag{7.11}$$

式中，$A(x,y)$为干涉图的振幅，等于两幅原始雷达复图像振幅的乘积；$\Delta\varphi(x,y)$为干涉条纹图的相位，它等于两幅原始雷达复图像相位的差值。由于三角函数的周期性，在计算相位时，丢失了整数倍的弧度值，干涉图显示相位差值并不是两天线距同一被测目标的斜距差值，而是丢失了 $k2\pi$ 的距离。

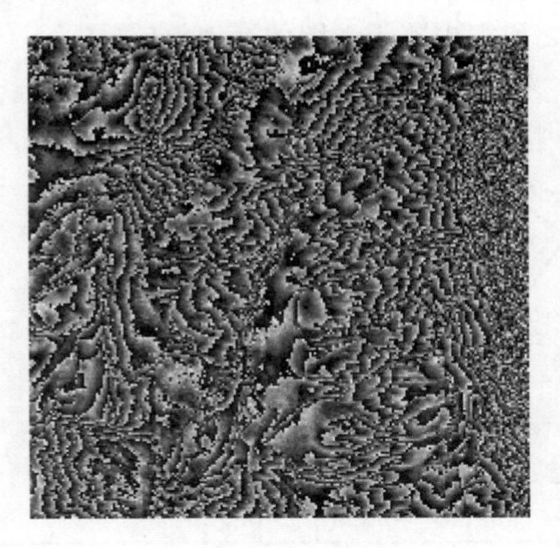

图 7.8　干涉条纹图

在生成干涉图的同时，为了估计干涉图的质量，同时为后续处理提供参考数据，一般以相干系数作为干涉图质量评价的依据。相干系数的计算按式(7.12)进行，其中 M 和 N 为估计时所采用的窗口大小参量。相干系数数值越大，表明干涉图在这些点位的质量越好，反之就越差。

$$\bar{\gamma}=\frac{\left|\sum_{n=0}^{N}\sum_{m=0}^{M}u_1(n,m)u_2^*(n,m)e^{-j\varphi(n,m)}\right|}{\sqrt{\sum_{n=0}^{N}\sum_{m=0}^{M}\left|u_1(n,m)\right|^2\sum_{n=0}^{N}\sum_{m=0}^{M}\left|u_2(n,m)\right|^2}} \tag{7.12}$$

理想状态下的干涉图干涉相位数据具有连续性、周期性特点，但由于 InSAR 两次成像期间地面目标特性变化产生的噪声，以及成像和数据处理过程中产生的噪声等原因，干涉图相位中会存在噪声干扰，造成相位数据的不连续性和不一致性，导致后续相位解缠结果偏离真实相位差值，影响 InSAR 测量数据结果的精度。因此，在生成干涉图后，还需要进行滤波处理，来降低噪声、提高信噪比和减少残余的出现，提高后续相位解缠的精度和效率。目前常用的 InSAR 干涉条纹图滤波器有边缘检测滤波、圆周期均值滤波和圆周期中值滤波等算法。

7.2.5　平地效应去除

由图 7.9 所示，由于 InSAR 系统本身空间几何关系的影响，方位向或距离向上高度相同的地面点在干涉图上本来应该保持不变的相位差发生了变化，造成了干涉相位图的相位有一定的偏移，这种高度相同的平地在干涉相位图中所表现出来的干涉相位随距离向和方位向的变化而周期性变化的现象称为平地效应。平地效应使干涉图呈现密集的明暗相间的干涉条纹，一定程度上掩盖了地形起伏引起的干涉条纹变化，因此在相位解缠之前需去除干涉图的平地效应(图 7.10)。

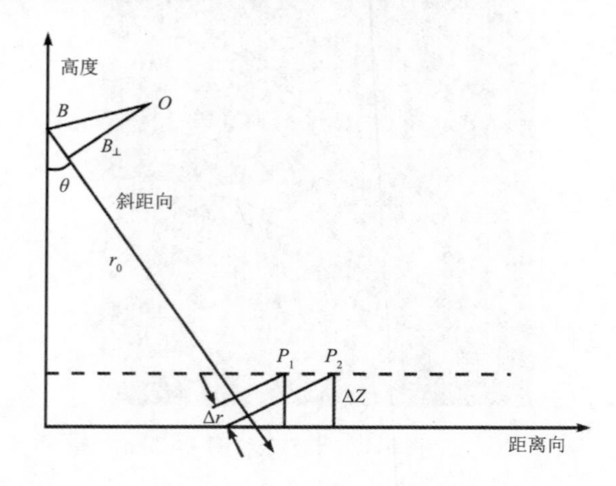

图 7.9 平地效应示意图

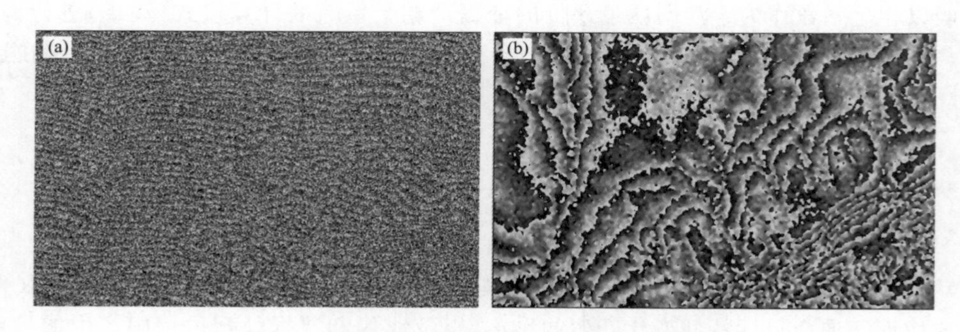

图 7.10 干涉图原图(a)与去除平地效应后干涉图(b)

目前常用平地效应消除算法主要有以下三种：(1)基于轨道参数和成像区域中心点的位置数据消除平地效应。该方法原理为选择基准面，在同一参照坐标系下，确定基准面中任一点的坐标和该点所对应的两次成像卫星的位置，就可以直接计算场景内基准面上的点到两个成像位置的距离差，进而得到基准面的平地相位；(2)基于已有的粗精度 DEM 数据消除平地效应，首先获取研究区域的已有 DEM 数据，并将 DEM 数据重采样为干涉图一致的分辨率，在此基础上将 DEM 数据转换为相位值，最后从干涉条纹中减去参考 DEM 数据计算的相位值，从而消除掉平地相位；(3)通过估算距离向和方位向占优势的条纹频率来计算平地相位，然后消除平地效应。该方法适用于地形平坦区域，对于地形起伏较大区域，因部分地形变化造成的条纹频率与平地条纹频率相同，同样也会被消除从而造成误差。

7.2.6　相位解缠

由图 7.11 所示，InSAR 根据两幅 SAR 复图像获得的干涉相位差值是被周期折叠后位于$[-\pi,\pi]$之间的相位主值，与真实的相位差值之间存在着 $2k\pi$(k 为整数)的差别，将相位差主值恢复为真实相位差值的过程即为相位解缠(图 7.12)，相位解缠是 InSAR 数据处理过程中最为关键的技术和难点，直接关系到最终 InSAR 计算获取的数字高程信息和地表形变信息的精度。

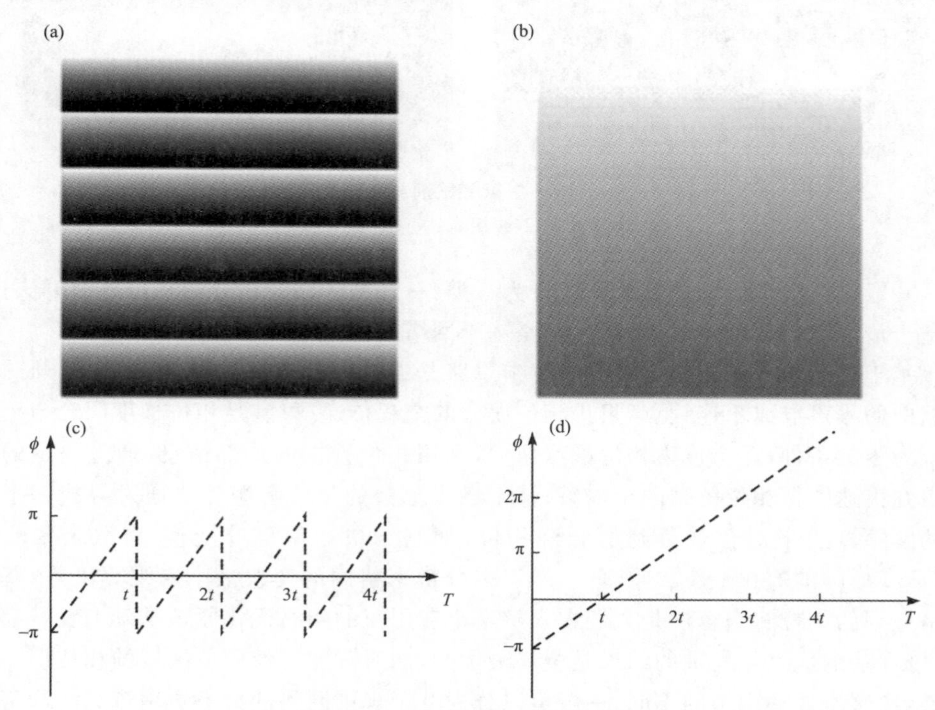

图 7.11　相位缠绕与解缠示意图
(a)缠绕相位；(b)解缠后相位；(c)缠绕相位中 y 轴方向的一条数据；
(d)解缠后 y 轴方向的同一条数据

理想状态下的二维干涉图像采样率满足 Nyquist 采样定理，即采样频率大于信号最高频率的两倍，缠绕干涉相位中相邻像素点之间的相位差值不会超过半个周期(π)。如满足此条件，则可以通过积分进行解缠，即有可能推导出缠绕相位的离散偏导数，即临近像元的相位差，且这些相位差的绝对值都小于 π。通过这些离散偏导数，即可重建解缠相位。在实际干涉雷达影像由于近距离压缩、叠掩、阴影，以及各种因素导致的去相关现象引发的雷达噪声，使得相位解缠过程变得十分复杂。

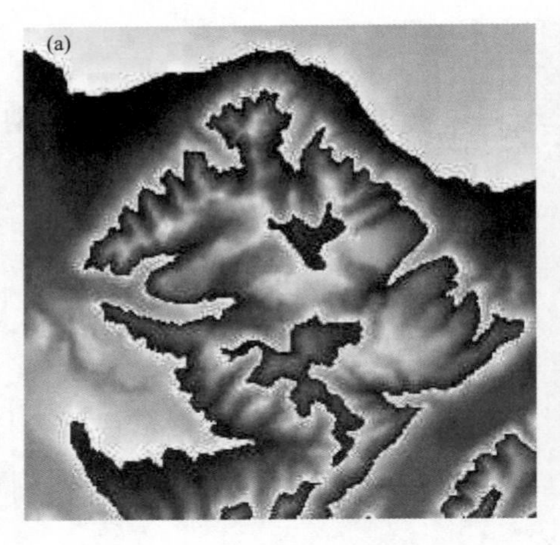

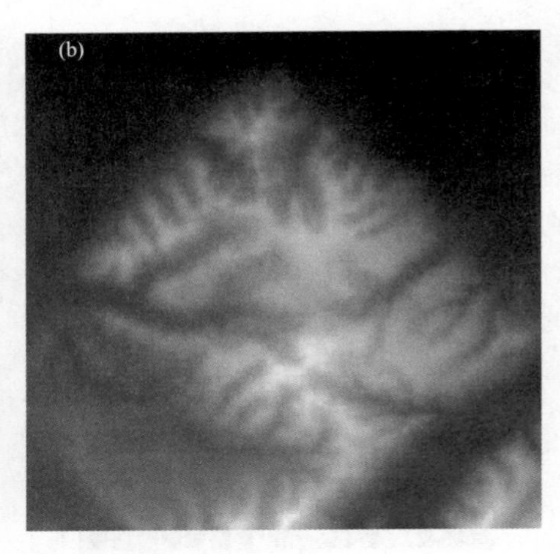

图 7.12　相位解缠前后干涉图
(a)纠缠相位干涉图;(b)解缠后干涉图

一般可以将常用相位解缠算法分为三类:一是基于路径积分的相位解缠算法;二是基于最小范数的相位解缠算法;三是基于网络规划的相位解缠算法。

基于路径积分的相位解缠算法基本思路是通过选择合适的积分路径,避开图像数据中的噪声点或不连续点,阻止相位误差的全程传递,以满足相位梯度闭合与路径积分为零的条件,逐个搜索相位影像像素,利用相位数据的局部信息,通过一定的算法得到雷达图像相位解缠的全局解;基于最小范数的相位解缠算法通过寻找一个全局的解缠算法来拟合观测到的缠绕相位,如基于快速傅里叶变换/离散余弦变换(FFT/DCT)的等权最小二乘算法、基于多分辨率格网的变权最小二乘算法等;基于网络规划的相位解缠算法是人们在求解最小费用流的网络优化原理基础上发展起来的,该算法的优点是处理的结果是全局最优的,同时限制了低质量区域的相位误差的传递,按照所处理网络的不同,一般可以分为基于规则网络的最小费用流算法和基于不规则网络的最小费用流算法。

7.2.7　数字高程模型重建

在相位解缠的工作完成之后,就可以根据公式(7.7)计算得到相应于每一像元上的高程数值。通过 InSAR 数据计算出高程之后,得到一个相应于参照影像每一点处的地面高程数值集合。该数据集合与 DEM 相比,还有两个问题没有解决:一是点与点之间的地面距离不是等间隔的;二是整个数据集合是按平台飞行方向排列的一个矩阵状数据集合,灰度化后其可视化效果与通常具有地学编码(即按地面坐标系排列,地面坐标规则有序)的高程数据集合 DEM 是有本质差异的。因为此时的高程模型仍为斜距坐标，由于不同SAR图像的几何特征不同，并且与任何测量参照系无关，因此要得到具有坐标可比的高程地图，还需要进行地理编码，即经过斜地变换和地图投影把高程值投影到标准地理参考系中。

由图7.13所示，地理编码的关键步骤为地理定位，即确定每个像元点在预定地理中心坐标系中的笛卡尔坐标。为使这个过程连续进行，必须使用与高程估算一致的参照系。除了时间参数t、τ、h外，主影像成像轨道参数也需要作为地理定位的输入数据。这些数据大多是从全球传统陆地参考系统(Conventional Terrestrial coordinate System，CTS)获得，必须转换为WGS-84坐标系。

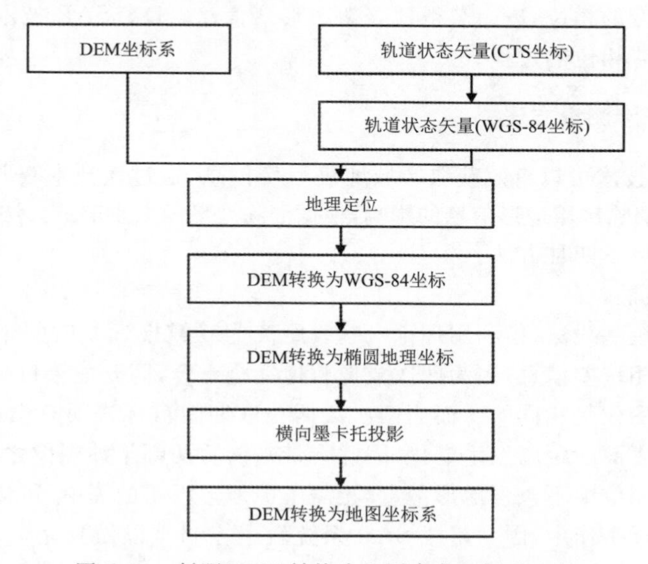

图7.13 斜距DEM转换为地图参考坐标系流程

要得到特定投影的地图坐标，需要进一步进行坐标变换。首先通过Helmert反变换将WGS-84坐标系转换到选定的椭圆地理坐标，然后进行横向墨卡托投影生成最终的地图坐标系，在此过程中以WGS-84坐标系为参考。最终得到的地图坐标一般是非规则取样，因此需要依据规范的网格化数据进行重采样。为此需要对数据点进行三角测量，在每个三角形内进行双线性内插，最后得到网格值。

7.3 差分干涉测量

7.3.1 差分干涉测量概念

差分干涉合成孔径雷达(Differential SAR Interferometry，D-InSAR)是以合成

孔径雷达复数据提取的相位信息为信息源获取地表形变信息的技术。InSAR 技术获取 DEM 时，假设两次影像获取时段内地表没有发生形变，而且不考虑大气和噪声等的影响。实际工作中，对于重轨干涉测量的两次成像间隔内，地表有可能会发生形变，两幅影像干涉图中的相位差包含了平地相位、地形相位、地表形变相位、大气相位和噪声相位等，可以由式(7.13)表示：

$$\Phi_{\mathrm{Int}} = \Phi_{\mathrm{flat}} + \Phi_{\mathrm{top}} + \Phi_{\mathrm{def}} + \Phi_{\mathrm{atm}} + \Phi_{\mathrm{noi}} \tag{7.13}$$

雷达干涉相位主要取决于地形起伏和地表形变两个因素，在大气相位和噪声相位足够小可以不作考虑的条件下，只要将平地相位和地形相位从干涉图中去除，就可以获得地表形变的相位，进而获得地表微小形变信息。D-InSAR 技术即是从干涉图中提取地表形变相位的过程。

7.3.2 差分干涉测量方法

D-InSAR 技术可以有效获取区域地表形变信息，通过该技术获取地表形变信息的关键必须要消除区域地形信息的影响，根据消除地形因素影响的方法，一般 D-InSAR 技术可以分为以下四种方法。

(1)零基线法

又称为甚短基线法，指利用理论上基线距离为 0 或接近 0 时的干涉像对获取地形变化前后的相位差信息，因为两次成像轨道完全重合，因此如果目标表面没有形变时，每次 SAR 图像是相同的。而当两次数据获取期间目标表面有微小的位移时，引起仪器到目标表面的距离发生变化，因此会带来前后两幅干涉图像之间的相位差，此时干涉测量的相位中不包含地形信息，无需考虑地形因素的影响，可以直接得到形变信息。但在实际工作中，因为星载 SAR 系统轨道控制难以做到完全重合，因此一般较少采用，只有在地形较为平缓且基线小于 20 m 时可以近似认为是“零基线”。

(2)二轨法

该方法利用监测区地形变化前后的两幅影像生成干涉条纹图(图 7.14)，然后利用已有的 DEM 数据模拟条纹图，从干涉条纹图中去除地形信息，即可得到监测区地表形变信息。该方法的优点是无须进行相位解缠，工作量减少，缺点是需要监测区域的形变前 DEM 数据。此外，在引入已有 DEM 数据时，可能会带来新的误差。

假设在两幅 SAR 图像获取的时段内地表存在形变，在 SAR 观测斜距方向的形变值为 Δr，干涉图中相位值 φ 可表示为：

$$\varphi = -\frac{4\pi}{\lambda}[(R_1 + \Delta r) - R_2] \tag{7.14}$$

DEM 按干涉基线和入射角模拟的相位值 φ_0 可表示为：

$$\varphi_0 = -\frac{4\pi}{\lambda}(R_1 - R_2) \tag{7.15}$$

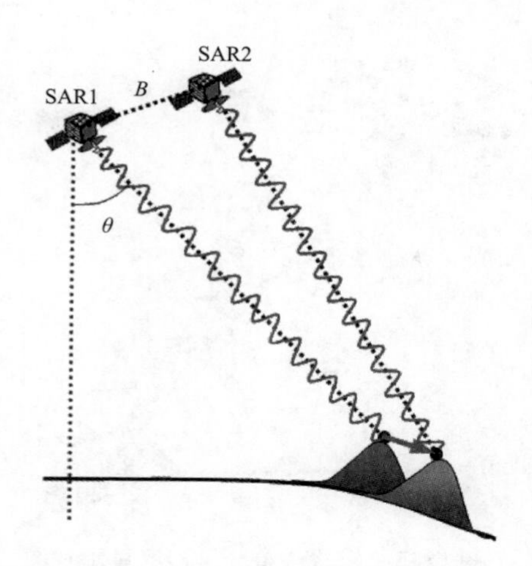

图 7.14　二轨法差分干涉测量示意图

形变相位值 φ_d 为：

$$\varphi_d = \varphi - \varphi_0 = -\frac{4\pi}{\lambda}\Delta r \tag{7.16}$$

二轨法处理过程中，可以先去除平地效应，再去除地形相位，最后得到形变相位，也可以将平地相位加在模拟地形相位中一起去除。在实际工作中，还需要考虑大气相位、噪声相位等误差相位。

(3)三轨法

该方法采用三次雷达成像，其中以一幅影像为主影像，另外两幅为副影像分别生成干涉图(图 7.15)。第一幅影像与主影像成像相隔时间短，地表没有形变信息；第二幅影像相隔时间较长，地表发生了形变。这样由第一幅干涉图可以获取监测区精确 DEM 信息，而第二幅干涉图则包含了地表形变的信息，将两个干涉条纹图进行差分处理可以得到形变干涉图，从而获得形变量信息。三轨法可以直接从 SAR 图像中提取地表形变信息，无须地面信息，避免了外部数据误差的引入，缺点是相位解缠的质量会影响最终形变监测的结果。

由图 7.15 所示，第一次干涉获得的地形相位信息为：

$$\varphi_{12} = \varphi_1 - \varphi_2 = \frac{4\pi}{\lambda} B_1 \sin(\theta - \alpha_1) \tag{7.17}$$

第二次干涉获得的地形相位信息为：

$$\varphi_{13} = \varphi_1 - \varphi_3 = \frac{4\pi}{\lambda} B_2 \sin(\theta - \alpha_2) + \frac{4\pi}{\lambda}\Delta r \tag{7.18}$$

式中，φ_{12} 只包含地形信息；φ_{13} 包含地形信息和形变信息；B_1、B_2 分别表示两次成像的基线长度；θ 为主影像视角；α_1、α_2 分别为基线 B_1、B_2 与水平方向的夹角；Δr 为地

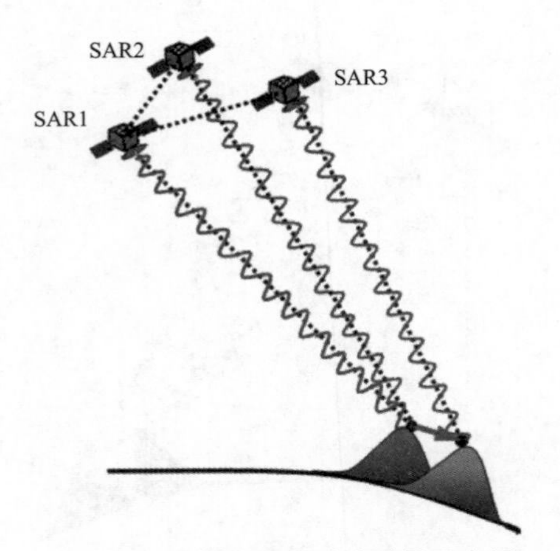

图 7.15　三轨法差分干涉测量示意图

表在卫星视角方向上的形变位移。

两次干涉获得的地形相位进行差分运算，即可获得地表形变差分方程：

$$\varphi_{\mathrm{d}} = \varphi_{13} - \varphi'_{12} = \varphi_{13} - \varphi_{12}\frac{B_1\sin(\theta-\alpha_1)}{B_2\sin(\theta-\alpha_2)} = -\frac{4\pi}{\lambda}\Delta r \tag{7.19}$$

(4)四轨法

D-InSAR 除以上常用三轨法和二轨法之外，还可以采用四轨法，即利用地表形变前后的四幅 SAR 影像，分别组成干涉像对进行干涉测量(图 7.16)，得到形变前后两幅干涉相位图，再将两幅干涉图进行差分处理，得到地表形变相位，最终计算得到地表形变信息。

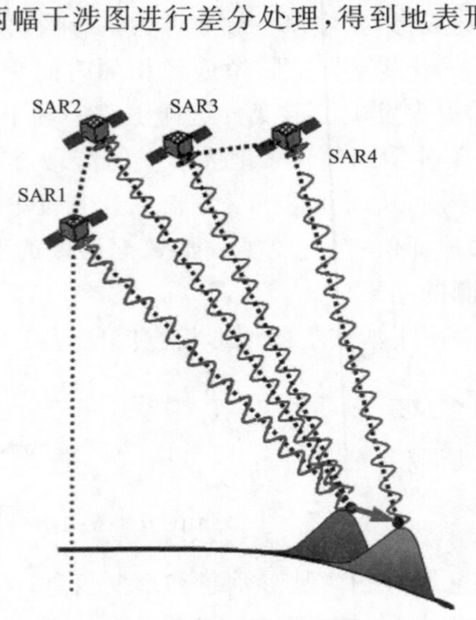

图 7.16　四轨法差分干涉测量示意图

四轨法是为了解决三轨法在某些情况下难以获得满足三轨模式的差分干涉影像对时提出的。如三幅图像中，第一个干涉像对基线不适合生成 DEM，或者第二个干涉像对的相干性较差，无法获得高质量形变信息。利用四轨法可以选择四幅 SAR 图像进行差分干涉处理，即选择两幅适合生成 DEM 的 SAR 像对，以及两幅适合做形变的 SAR 像对。

随着干涉叠加技术的实现以及新一代长时间序列 SAR 图像数据的获取，D-InSAR 技术作为测量地表形变信息的一种新型探测手段得到了广泛应用。D-InSAR 技术的关键在于干涉雷达波的相位信息，而雷达相干波在传播过程中会受到大气效应的影响，同时地表变化造成的时间去相关和长基线引起的空间去相关等因素也会造成测量误差，而且 D-InSAR 技术只能获取单次形变结果，无法获取地表形变的时间演化数据。为了监测区域地表形变的时间演化数据，一些学者在 D-InSAR 技术的基础上提出了时序 InSAR（Multi Temporal InSAR，MT-InSAR）的技术，MT-InSAR 技术通过区域长时间序列雷达图像数据中高相干点目标的时序分析，来获取监测区域的地表形变速率和时间形变序列。常用 MT-InSAR 技术有永久散射体干涉测量技术（Permanent Scatters InSAR，PS-InSAR）、小基线干涉测量技术（Small Baselines Subset InSAR，SBAS-InSAR）和角反射器干涉技术（Corner Reflector InSAR，CR-InSAR）等。

7.4　雷达干涉测量应用

7.4.1　地形测绘

Graham(1974)通过机载 InSAR 技术进行地形制图工作以来，地形测绘一直是 InSAR 技术的最主要应用。Zebker 和 Goldstein(1986)在理论和实践上对干涉 SAR 进行了完善和发展，并成功研制航空雷达干涉测量仪，采用数字信号处理技术将获得的数据进行立体测图，取得了 10 m 以下的高程测量精度。机载 InSAR 系统以 NASA TOPSAR 为代表，自 1991 年开始 TOPSAR 系统就进行了不同环境下的地形测绘研究和应用工作，如 Madsen 等(1993)利用 C 波段 TOPSAR 数据提取美国亚利桑那州 Walnut 峡谷地区的 DEM，其精度在较平坦区域均方根误差为 2.2 m，在山区的均方根误差为 5.0 m。此外，TOPSAR 系统在菲律宾、越南、柬埔寨、文莱、印度尼西亚、巴布亚新几内亚等热带地区进行了一系列地形测绘任务。

在星载 InSAR 系统方面，欧洲航天局 ERS-1/2 系列、JERS-1、Radarsat、Sentinel、TerraSAR-X/TanDEM-X 双星系统以及航天飞机 SIR-C/X-SAR 系统等在全球大范围区域尺度测绘工作中均发挥了重要作用。2000 年 2 月 11 日到 22 日，

NASA和美国国家影像与测绘局(NIMA)合作,利用“奋进号”航天飞机进行了为期11 d的雷达测绘SRTM任务,该系统采用单轨双天线干涉测量模式对全球地形进行了测绘,生成了全球约80%(60°N至56°S)的陆地表面数字高程模型DEM和三维地形图(图7.17),产品绝对测高精度16 m,绝对定位精度20 m,数据产品空间分辨率为30 m和90 m。SRTM实现了基于InSAR技术真正意义上的全球地形三维测绘,是InSAR地形测绘应用最成功的案例。

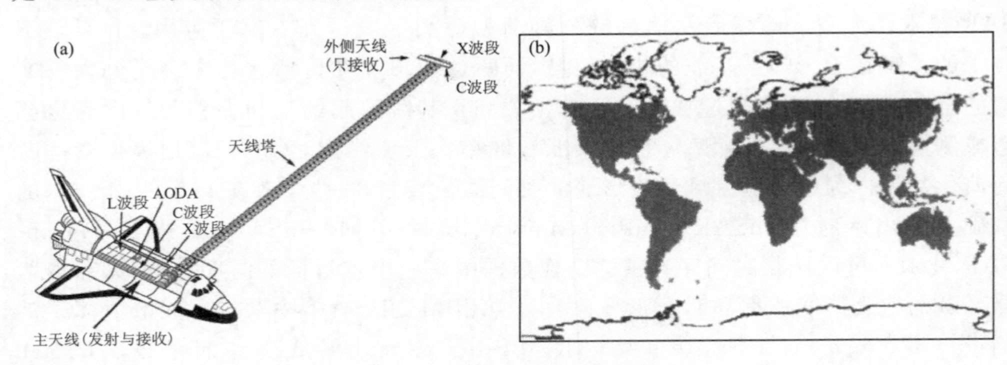

图7.17　SRTM测绘任务

(a)观测示意图;(b)覆盖区域

星载InSAR测量系统中,TerraSAR-X/TanDEM-X双星InSAR系统被誉为当前卫星干涉测量的典范,该系统由德国宇航中心(DLR)与EADS Astrium公司共建开发和运营,两颗卫星先后于2007年和2010年发射,性能基本相同,均为X波段雷达卫星。SAR成像系统有聚束式、条带式和推扫式3种模式,最高空间分辨率优于1 m,并拥有多种极化方式。双星采用螺旋轨道星座以紧密编队方式飞行,按不同纬度获得DEM的要求,两颗卫星之间的距离可在200～300 m调整,以得到有效的观测基线。TerraSAR-X/TanDEM-X可提供全球陆地高精度DEM观测数据,空间分辨率10 m,绝对测高精度优于10 m,相对测高精度2 m,绝对定位精度10 m,相对定位精度优于3 m。TerraSAR-X/TanDEM-X双星编队是星载InSAR系统的一次重要突破,已在科学研究及应用中发挥了重要作用,在一定程度上引领了当前星载InSAR系统的设计。

7.4.2　地表形变监测

(1)地震形变监测

地震导致的地表形变监测是D-InSAR技术应用较为成功的领域之一。D-InSAR技术可获取大范围、连续空间范围的断层位移和运动速率等定量化的基础数据,为充分了解地震应力应变的积累与释放过程、建立断层运动与地震发生的理论模型研究提供基础数据。

目前InSAR地震形变监测主要包括同震位移、震后形变和抗震构造机理研究等。在1992年6月28日发生在美国加利福尼亚州(简称加州)兰德斯地震的监测中,由于地震引起地面上规模较大且轮廓清晰的裂缝,D-InSAR技术可以很好地获取同震位移信息。Massonnet等(1993)利用ERS-1数据和地形信息获取了形变干涉条纹图(图7.18),其测量结果与地面调查获取的位移一致,距离向测量精度在4 cm以内。在震后和震间的形变量级一般在厘米至毫米级,对此一般采用精度更高的MT-InSAR技术进行形变监测。如Tong等(2014)对美国加州San Andreas断裂的监测,研究利用断裂区域2006年5月至2011年时段内多时相ALOS卫星L波段雷达影像,对监测时段内断裂的位移量进行了监测(图7.19),监测结果对于该区域断裂构造机理研究具有重要意义。

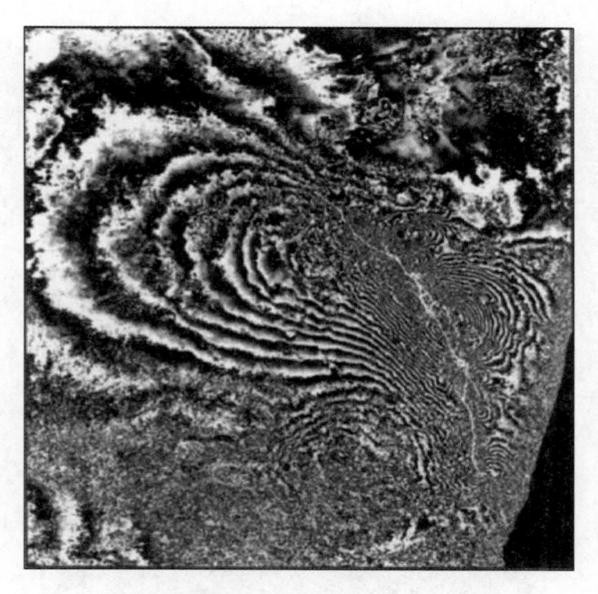

图7.18　兰德斯地震形变干涉条纹图(Massonnet et al., 1993)

(2)火山活动监测

由于火山岩脉入侵,岩浆囊膨胀和收缩等因素,火山喷发前后一般会有明显的地表形变,准确监测火山爆发前后的地表形变,对于预测和监测火山的爆发具有重要意义。D-InSAR技术监测火山的优势主要体现在不需要地面控制点,能够提供火山周围的整个区域的形变信息,这种大范围的详细空间覆盖数据能够提供有关岩浆移动和其他深层运动过程的重要信息,对火山爆发过程及爆发的预测均有重要价值。

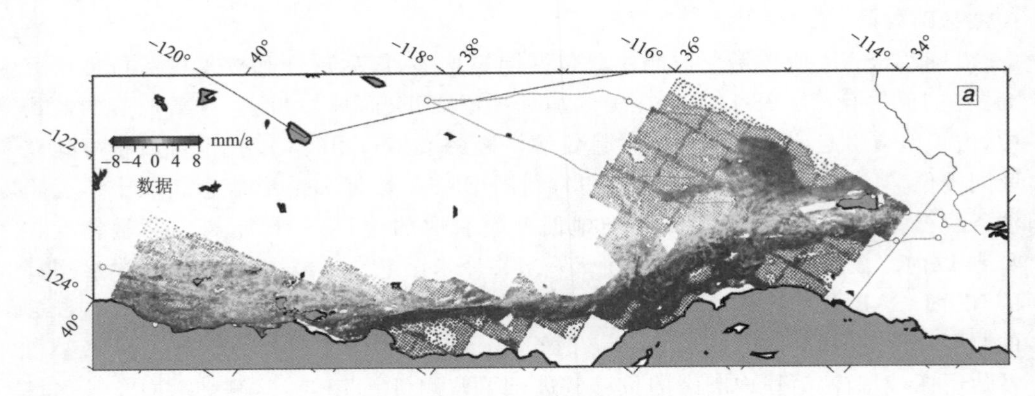

图 7.19　美国加州 San Andreas 断裂形变速度监测（Tong et al.，2014）

Evans 等（1992）利用 1991 年冰岛赫克拉火山（Hecla）区域的 TOPSAR 数据，对火山熔岩引起的灾害及火山爆发前后火山形态的变化进行了监测（图 7.20），表明 D-InSAR 技术可以在火山区域形变监测中发挥重要作用。Massonnet 等（1995）首次利用星载 InSAR 监测了埃特纳（Etna）火山的地表形变，研究基于 ERS-1 卫星 1992 年 5 月到 1993 年 10 月时段内研究区多时相雷达影像，通过分析 32 景升轨和 60 景降轨干涉图，优选其中 12 景相干性较好的干涉图，结合前期 DEM 数据，对 1993 年

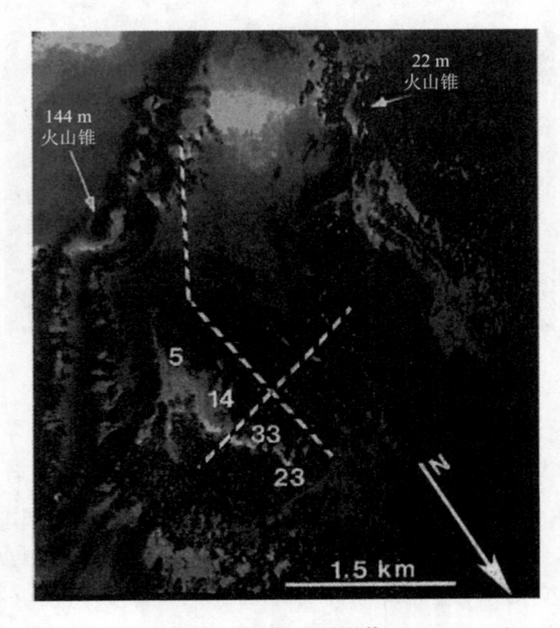

图 7.20　冰岛赫克拉火山形变监测影像（Evans et al.，1992）

研究区火山喷发的地表收缩信号进行了识别。在火山喷发预警监测方面，Chaussard和 Amelung(2012)利用2006—2009年时段内ALOS雷达卫星数据，对印度尼西亚热带地区火山形变进行了监测，结果显示有6座火山正处于膨胀阶段，其中3座火山于观测后不久发生了喷发。

(3)冰川研究

冰川和冰原的分布及动态变化对地球气候、海洋和大气系统具有重要的影响作用。常规的观测方法难以获得它们的动态信息，由于微波可以穿透一定深度的冰/雪层，加上其不受云层的影响可全天候工作，因此在冰川动态监测方面InSAR相对其他遥感手段具有巨大优势。

目前，InSAR技术在冰川研究和应用方面主要体现在以下3个方面：一是利用InSAR的相干性提取冰川边界。由于形变和融化等影响，冰面相干性普遍低于非冰面，快速流动冰面普遍低于缓慢流动冰面，据此可以根据相干性分布提取冰川边界；二是利用D-InSAR技术监测冰川流速。1993年Goldstein等首次利用D-InSAR技术获取了南极拉特福德冰川的流速。此后，D-InSAR技术被广泛应用于格陵兰岛、南极冰川和山地冰川(图7.21)等区域的冰川流速监测；三是利用InSAR技术监测冰川的厚度变化。2000年基于单轨双天线技术获取的航天飞机雷达测绘任务SRTM获取的DEM因其精度稳定被广泛应用于冰川厚度监测。由于冰面形变和大气变化的影响，单星重轨测量难以准确获取冰川高程，随着2013年TanDEM-X的入轨并与之前发射的TerraSAR-X构成双星编队后，基于TerraSAR-X/TanDEM-X双星编队干涉并结合SRTM DEM获取冰川厚度变化的研究在南极、格陵兰岛、亚洲山地冰川等区域陆续开展，极大地推动了InSAR技术在冰川研究中的应用。

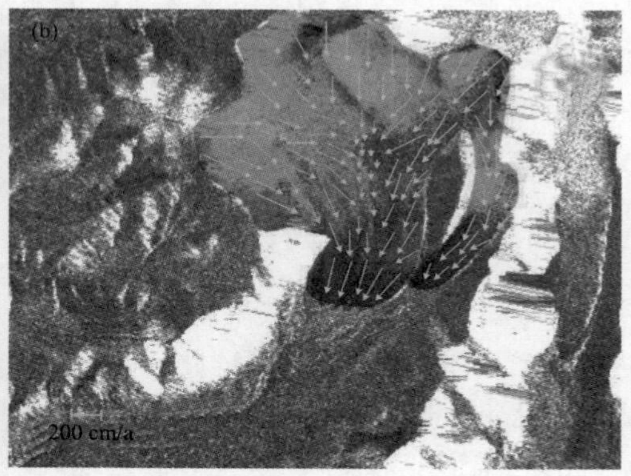

图7.21 冬克玛底冰川(a)ALOS/PALSAR和(b)ERS-1/2数据提取的表面冰流速度分布图
图中箭头标示为冰流方向和大小(周建民 等，2009)

(4)地质灾害监测

SAR卫星监测空间覆盖面广,可以实现大范围的滑坡、泥石流和崩塌等地质灾害形变的精确测量。在InSAR技术发展的早期,主要利用ERS-1/2卫星进行滑坡等形变的监测,由于滑坡等地质灾害频发区域自然环境较为复杂,地形起伏、植被覆盖等因素都会给监测带来一定的困难。近年来,随着新一代SAR卫星的入轨运行,InSAR技术在地质灾害形变监测领域得到进一步快速发展,已成为地质灾害形变监测的常用技术手段之一。宽幅成像模式为广域地质灾害监测提供了可能,多星协同观测可以提供短重访周期,精确的轨道控制确保了观测数据的精度,这些新的技术特点,为地质灾害形变精细监测、参数反演、灾害预报预测及成灾机理分析等方面都带来新的进展。

2000年,PS-InSAR技术被首次成功用于意大利Ancona地区的滑坡监测(Ferretti et al., 2001)。Berardino等(2003)利用SBAS-InSAR技术对意大利马拉泰阿山谷的滑坡进行了形变监测,监测结果得到了实地DEM和GPS实测结果的验证。在我国,2003年由科技部与欧洲航天局合作开展的"龙计划"一期专题中,设立了三峡库区滑坡监测专项。研究基于Envisat雷达数据,在库区重点地质灾害监测点设立角反射器,开发自然永久散射体,基于配准SAR数据的角反射体识别技术,对区域滑坡泥石流等地质灾害进行了监测。

(5)地面沉降监测

InSAR地面沉降监测主要包括城市沉降监测和矿区地面沉降监测。随着全球城市化进程的加快,城市沉降问题日渐突出。地下资源的过度开发、建筑物及基础设施的修建以及软土层的压实等都可能导致地表形变。采用D-InSAR技术取代常用的水准测量方式实现对城市沉降速度的测量,不仅可以节省费用,而且可以提高测量的效率。随着SAR影像分辨率的提高和轨道重返周期的进一步缩短,InSAR技术在城市形变监测中的精度也越来越高。如Chaussard等(2013)利用2007—2009年ALOS L波段多时相雷达数据,对印度尼西亚西部地区主要城市沉降进行了沉降监测,结果显示监测区域年均沉降达到了22 cm,在人口密度较高的沿海城市沉降速度最高。

Carnec等(1996)首次利用ERS-1雷达数据基于D-InSAR技术监测了法国加尔达纳煤矿区域地表形变信息,此后InSAR技术逐渐成为矿区地面沉降监测的重要监测手段之一。目前,InSAR技术在矿区应用研究主要包括以下两个方面:一是针对矿区的三维形变监测;二是针对矿区地表形变的预测研究。矿区地表形变范围小、梯度大,因此失相关是InSAR矿区应用的主要难点,随着新一代长波、短时空基线SAR卫星如ALOS2、Sentinel-1的发射,该难点已有所突破。

7.4.3　海洋监测

利用 InSAR 顺轨干涉测量技术(ATI-SAR)可以进行海流的测量以及对海面上船舶运动方向和速度的探测。Goldstein 和 Zebker(1987)首次提出了利用 ATI-SAR 技术进行海流测量方法，研究基于 NASA CV990 机载 L 波段 InSAR 数据对旧金山湾海流进行了测量。此后，随着星载 InSAR 技术的不断发展，ATI-SAR 测量海流技术也日渐成熟。

Romeiser 等(2005)利用航天飞机雷达地形测绘任务 SRTM 数据，获取了荷兰西瓦登海 2000 年 2 月 15 日 12:34(UTC)图像视线方向的流场，首次验证了星载 ATI-SAR 技术测量海流的潜力。Romeiser 等(2010)利用 TerraSAR-X、ATI-SAR 数据对易北河流场信息进行了测量。随着 TanDEM-X/TerraSAR-X 双星编队的成功运行，利用该数据进行海流监测研究也得到了重视，如 Suchandt 和 Runge(2012)、Kahle 等(2012)科学家都进行了相关研究和案例分析。Kahle 等(2012)详细分析了 TanDEM-X/TerraSAR-X 双星编队飞行控制以及实现 ATI-SAR 海流测量的相关参数要求，并对 2012 年 2 月 26 日 06:41(UTC)时刻的奥克尼岛附近海洋表面流场进行了测量(图 7.22)。

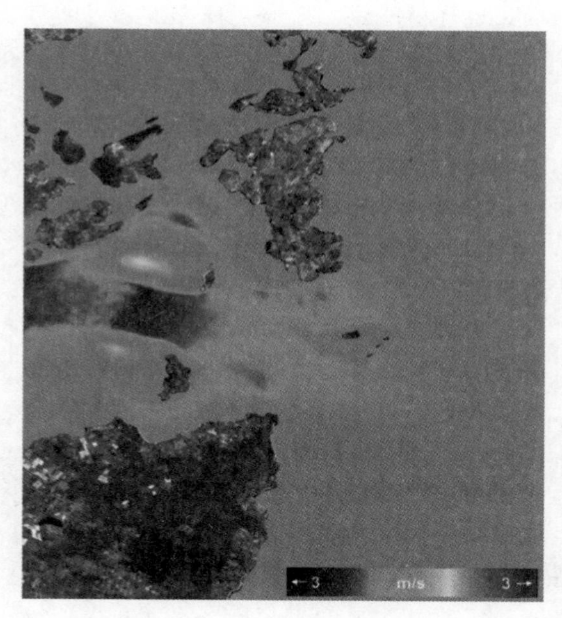

图 7.22　利用 TanDEM-X/TerraSAR-X 测量奥克尼岛附近海域海流图

参考文献

黄世奇,2015.合成孔径雷达成像及其图像处理[M].北京:科学出版社.

李平湘,杨杰,史磊,2016.雷达干涉测量原理与应用[M].北京:测绘出版社.

舒宁,2003.微波遥感原理[M].武汉:武汉大学出版社.

隋立春,2011.主动式雷达遥感[M].北京:测绘出版社.

童玲等,2014.雷达遥感机理[M].北京:科学出版社.

王超,张红,刘智,2002.星载合成孔径雷达干涉测量[M].北京:科学出版社.

赵英时,2003.遥感应用分析原理与方法[M].北京:科学出版社.

周建民,李震,李新武,2009.基于 ALOS/PALSAR 雷达干涉数据的中国西部山谷冰川冰流运动规律研究[J].测绘学报,38(04):341-347.

BERARDINO P, COSTANTINI M, FRANCESCHETTI G, et al, 2003. Use of differential SAR interferometry in monitoring and modelling large slope instability at Maratea (Basilicata, Italy) [J]. Engineering Geology, 68(1-2): 31-51.

CARNEC C, MASSONNET D, KING C, 1996. Two examples of the use of SAR interferometry on displacement fields of small spatial extent [J]. Geophysical Research Letters, 23(24): 3579-3582.

CHAUSSARD E, AMELUNG F, 2012. Precursory inflation of shallow Magma Reservoirs at West Sunda volcanoes detected by InSAR[J]. Geophysical Research Letters, 39(21): 121311.

CHAUSSARD E, AMELUNG F, ABIDIN H, et al, 2013. Sinking cities in Indonesia: ALOS PALSAR detects rapid subsidence due to groundwater and gas extraction[J]. Remote Sensing of Environment, 128: 150-161.

EVANS D L, FARR T G, ZEBKER H A, et al, 1992. Radar interferometry studies of the earth's topography[J]. EOS, Transactions, American Geophysical Union, 73(52): 553-560.

FERRETTI A, PRATI C, ROCCA F, 2001. Permanent scatterers in SAR Interferomtry[J]. IEEE Transactions on Geoscience and Remote Sensing, 39(1): 8-20.

GOLDSTEIN R M, ZEBKER H A, 1987. Interferometric radar measurement of ocean surface currents[J]. Nature, 328(6132):707-709.

GRAHAM L C, 1974. Synthetic aperture radar for topographic mapping[J]. Proceedings of the IEEE, 62: 763-768.

HOLLINGER J P, 1971. Passive microwave measurements of sea surface roughness[J]. IEEE Transactions on Geoscience and Electronics, 9(3): 165-169.

KAHLE R, RUNGE H, ARDAENS J S, et al, 2012. Formation flying for along-track interferometric oceanography-first in-flight demonstration with TanDEM-X[J]. Acta Astronautica, 99 (2): 130-142.

KLEIN L A, SWIFT C T, 1977. An improved model for the dielectric constant of sea water at microwave frequencies[J]. IEEE Journal of Oceanic Engineering, OE, 2(1): 104-111.

KONECNY G, SCHUHR W, 1998. Reliability of Rodar Image Data[C]. The 16th ISPRS Congress, Tokyo.

MADSEN S N, ZEBKER H A, MARTIN J M, 1993. Topgraphic mapping using radar interferometry: Processing techniques[J]. IEEE Transactions on Geoscience and Remote Sensing, 31(1): 246-256.

MASSONNET D, ROSSI M, CARMONA C, et al, 1993. The displacement field of the Landers earthquake mapped by radar interferometry[J]. Nature, 364(8): 138-142.

MASSONNET D, BRIOLE P, ARNAUD A, 1995. Deflation of Mount Etna monitored by spaceborne Radar Interferometry[J]. Nature, 375(6532): 567-570.

NEWTON R W, ROUSE J W, 1980. Microwave radiometer measurements of soil moisture content [J]. IEEE Transactions on Antennas and Propagation, AP-28(5): 680-685.

PEAKE W H , OLIVER T L, 1971. The response of terrestrial surfaces at microwave frequencies [J]. Response of Terrestrial Surfaces at Microwave Frequencies.

ROGERS A E, INGALLS R D, 1969. Venus: mapping the surface reflec tivity by radar interferometry[J]. Science, 165(3895): 797.

ROMEISER R, BREIT H, EINEDER M, et al, 2005. Current measurements by SAR along-track interferometry from a Space Shuttle[J]. IEEE Transactions on Geoscience and Remote Sensing, 43(10): 2315-2324.

ROMEISER R, SUCHANDT S, RUNGE H, et al, 2010. First analysis of TerraSAR-X along-track InSAR-derived current fields[J]. IEEE Transactions on Geoscience and Remote Sensing, 48(2): 820-819.

SETZER DAVID E,1970. Computed transmission through rain at microwave and visible frequencies [J]. Bell System Technical Journal,49:1873-1892.

SKOLNIK M I, 2002. Introduction to Radar Systems[M]. New York: McGraw-Hill.

SUCHANDT S, RUNGE H, 2012. Along-track interferometry using TanDEM-X: First results from marine and land applications[C]// European Conference on Synthetic Aperture Radar, 2012.

TONG X P, SMITH K B, SANDWELL D T, 2014. Is there a discrepancy between geological and geodetic slip rates along the San Andreas Fault System? [J]. Journal of Geophyical Research: Solid Earth, 119(3): 2518-2538.

TOPP G C, DAVIS J L, ANNAN A P, 1980. Electromagnetic determination of soil water content: Measurements in coaxial transmissions lines[J]. Water Resources Research, 16(3): 574-582.

ULABY F T, STILE W H, 1980. The active and passive microwave response to snow parameters: 2. Water equivalent of dry snow[J]. Journal of Geophysical Research: Ocean (1978－2012), 85 (C2): 1045-1049.

ULABY F T, MOORE R K, FUNG A K, 1981. Microware remote sensing-active and passive, Vol. Ⅰ: fundamentals and radiometry[M]. Reading: Addison-Wesley Publishing Company.

ULABY F T, MOORE R K, FUNG A K, 1982. Microware remote sensing-active and passive, Vol. Ⅱ: Radar remote sensing and surface scattering and emission theory[M]. Reading: Addison-Wesley Publishing Company.

WOODHOUSE I H, 2014. 微波遥感导论[M]. 董晓龙等译. 北京: 科学出版社.

ZEBKER H A, GOLDSTEIN R M, 1986. Topographic mapping from interferometric synthetic aperture radar observations [J]. Journal of Geophysical Research: Solid Earth, 91 (B5): 4993-4999.